高等教育艺术设计精编教材

建筑美术

丁鹏　吕从娜　赵一　唐丽娜　编著

清华大学出版社

北　京

内 容 简 介

本书以传统建筑美术科目——素描、色彩、速写为单元来划分章节,图文并茂地讲解了三者的理论知识及实践方法。书中说明了建筑美术的特点、作用,介绍了教师及学生的多幅优秀作品,能够为读者提高实际创作水平提供帮助。

本书可作为建筑、规划、园林、景观等专业本科及专科学生的教材,也可供广大建筑及美术爱好者和从业人员参考。

图书在版编目(CIP)数据

建筑美术/丁鹏等编著. —北京:清华大学出版社,2013(2024.9重印)

高等教育艺术设计精编教材

ISBN 978-7-302-32055-5

Ⅰ. ①建… Ⅱ. ①丁… Ⅲ. ①建筑艺术-高等学校-教材 Ⅳ. ①TU-8

中国版本图书馆 CIP 数据核字(2013)第 078941 号

责任编辑:张龙卿
封面设计:吕从娜 徐日强
责任校对:李 梅
责任印制:刘海龙

出版发行:清华大学出版社

网   址:https://www.tup.com.cn, https://www.wqxuetang.com

地   址:北京清华大学学研大厦 A 座   邮   编:100084

社 总 机:010-83470000   邮   购:010-62786544

投稿与读者服务:010-62776969,c-service@tup.tsinghua.edu.cn

质量反馈:010-62772015,zhiliang@tup.tsinghua.edu.cn

印 装 者:三河市君旺印务有限公司

经   销:全国新华书店

开   本:210mm×285mm   印   张:10.25   字   数:289 千字

版   次:2013 年 6 月第 1 版   印   次:2024 年 9 月第 7 次印刷

定   价:53.00 元

产品编号:051021-01

序 言

建筑是人类生活在地球上的庇护所，是与自然和谐相处的结合点，是人类情感的结晶，因此，建筑艺术是永恒的大众化的艺术。这种艺术责任的承担者是建筑形象，而对建筑形象艺术水平的评价是观赏者和设计者互动的结果；无疑建筑师的艺术表达起着更为积极、主动的作用，正如当代著名建筑师菲利普·约翰逊所说："我们对地球所做的一切，是为了把它装点得更加美丽。"

建筑师的建筑形象设计是他们的艺术修养物化的结果，而他们的艺术修养来自于科学、刻苦的艺术训练与实践，对美术的执着热爱也起着重要的作用。著名现代建筑大师格罗彼乌斯在工作中画了 70 多册速写，柯布西埃本人就是画家；文艺复兴时期的大师达·芬奇、米开朗琪罗等人身兼画家和建筑师双职；曹汛先生主编的《建筑速写》选录了我国 28 位建筑界翘楚的作品，这些建筑界的精英无不有着很深的艺术造诣。无数事实说明一个称职的建筑师必须有一定的美术功底，有相当高的艺术修养。作为一名有 30 多年教学经验的建筑学专业教师，我从教学体会、建筑实践经验以及学生走上工作岗位后的信息反馈来看，建筑美术是培养学生艺术修养、创造性思维和设计表达能力的不可或缺的环节。

建筑美术是建筑学专业的专业基础课，不同于一般美院的同类课程。从培养目标看，绘画、雕塑等专业培养的是艺术人才，而建筑学专业培养的是建筑师；从美术教学的思维倾向看，纯艺术专业偏向感性，而建筑学专业相对重视理性；从学生入学前的美术基础看，一般艺术专业的学生入学前普遍接受过较严格的美术基本功训练，而建筑学专业的学生或没有受过美术基本功训练或这方面训练很薄弱。美术教材是美术教学的重要基础条件，根据不同的专业性质编写不同的教材是必然的要求。在相关书店绘画等艺术专业的教材如汗牛充栋，而建筑专业绘画教材至今也是屈指可数的，特别是具有很强针对性的教材更是少之又少。

《建筑美术》一书说明了建筑美术教学的特点、作用，介绍了建筑美学的教学安排，阐述了素描、色彩、速写各组成部分的内容，这本教材是教学经验的总结。其内容组织图文并茂，引人入胜；理性总结深入浅出，容易理解把握；案例中包括教师的范图、学生的作业、名家的作品，这些都具有很好的示范作用。本书不仅适合于建筑学专业的美术教学，同样适用于带有艺术倾向的其他设计类专业，如城乡规划、景观建筑、艺术设计等，因为这些专业培养设计师的目标是一致的。在本书付梓之时，衷心表示祝贺，为表欣喜之情，以此为序。

沈阳建筑大学教授 鲍继峰

（原沈阳建筑工程学院建筑系主任、现城市建设学院建筑与艺术系主任）

前　言

相对于文学、影视、音乐等艺术表现形式而言,美术对于提升建筑设计师的审美修养是最为直接有效的。建筑类专业学生学习美术的目的,是使自己审美修养和手头功夫都得到相应的提高,能够在今后专业课题研究过程中做到方案的具体化和艺术的实用化,解决设计过程中的表现技能及美感问题。如果说其他课程赋予学生更多的是理性知识,美术课赋予的则是敏锐的眼睛、灵巧的双手、丰富的想象力。

美术渗透于建筑的各个方面,不同时代的美学标准能够决定建筑的形式法则。

(1) 建筑美的表现离不开美术。作品构思之初创作的草图,其线条的长短、疏密、节奏就对建筑师的审美提出了要求,建筑师对色调的把握也离不开色彩知识和表现技巧。

(2) 除造型及色彩之外,建筑师对空间的节奏韵律、材质的对比变化的处理也离不开美术。

(3) 美术练习能够为建筑设计开拓想象空间。

(4) 艺术品如壁画、雕塑等能够深化建筑主题,补充建筑的装饰效果。

建造居所是动物的本能,但能够在建造过程中考虑到美的因素,却只有懂得美的建筑师才能够做到,因此,一名优秀的建筑设计师应同时具备科学家的严谨和艺术家的才华。

一幅美术作品的完成过程其实就是学生今后设计方案乃至完成具体项目的初步演习。绘画从构图开始其实就是在培养设计的基本能力,其整体与局部的协调过程也是学生在今后设计过程中的重要环节。美术审美与建筑审美具有一致性,都涉及形象思维、空间节奏等。绘画练习能够为学生积累丰富的视觉经验,并且在反复修改、调整中磨砺了意志,打开了思路。

美术基础对于建筑设计而言,就相当于地基与建筑的关系,没有一个良好的基础,建筑也难以稳固。

建筑与美术之间相辅相成、相互渗透,如果脱离了对美的感受,建筑师就很难设计出美观、独特的建筑形象。建筑美术是指与建筑相关的美术基础教育,其内容既涉及一般的艺术问题,又因学科特点对造型方法有特殊要求:相对于绘画的再现、表现及抽象而言,建筑美术更多地融入了设计、技术、科学等因素,它的最终目的不是为绘画创作提供素材,而是培养特定的创造意识,其作用是隐性的、长远的,渗透于专业的方方面面。

用手直接描绘头脑中的形象,是最为有效的记录设计构思的方法,形象落实之后的直观性,又能够进一步启发创作者的设计灵感。素描、色彩、速写的造型规律是人们对各种美术表达方式的经验总结,通过绘画练习能够有效提升我们的审美修养及手头功夫,进而提升创造力。

素描可理解为对物象的黑白表现方式,相对单纯;色彩可理解为对物象的综合表现方式,最为复杂,二者的训练目标都是使头脑中的形象具体化、充分化、真实化。速写可理解为对物象的快速表达方式,其特点是能够快速体现物象特征,因此,也能够快速记录我们头脑中的灵感火花。

我国非美术类专业大学生在中小学阶段普遍没有接受过良好的美术训练。绝大多数学生都是入学前突击训练,对于美术的功能和理论认识模糊,基本功掌握也不扎实,在入学后很难完成从基本的数理化等高中基础知识向设计思维的转变。因此，作为建筑设计基础训练最为直接、有效的建筑美术课，对不同学科的衔接及不同思维模式的转变起着重要的作用。

很多建筑专业的学生都觉得自己缺乏艺术天赋，对美术不感兴趣。但兴趣是可以培养的，一旦对美术产生了兴趣，就会把枯燥的绘画基础训练变为对艺术、对美的探索过程。伴随着作品水平的不断提高，成就感也会油然而生，并且在这个过程中意志也会得到磨炼，对问题的把握及处理能力都会得到相应提升。

本书意在表述传统建筑美术科目的理论知识及实践方法，并就学生在课堂中的常见问题，结合优秀作品图文并茂地加以讲解。然而绘画艺术的表达方式终究不是语言所能够完全阐明的，需要在创作中不断体会与总结。希望本书能给予未来的建筑设计师们一些启发，同时恳请各界同人不吝赐教。

本书在编写过程中得到了刘兴邦、吴晓云、伊华丰、刘伟的大力协助，在此对各位老师及书中美术作品的作者表示衷心的感谢。

编　者
2013 年 1 月

目　录

第 3 章　建筑速写

建筑美术

附录　国外优秀画家作品欣赏

参考文献

第 1 章
建 筑 素 描

第一节　素描的基础知识

一、素描的概念

素描起源于西方,泛指单色的、通过黑白关系的变化来表现的绘画作品,如图 1-1 所示。

✦ 图1-1　秋天的预言（桑德罗·波提切利）

素描是造型艺术的基础,我们对于素描的认识和理解,直接影响对于色彩及速写的表达方式。

建筑美术的素描多以静物和风景为题材,在练习过程中要注重对形体、空间的理解与想象,把结构素描作为研究重点;相对于艺术专业的素描练习,更倾向于准确、严谨,不追求纯粹的视觉效果,如图1-2和图1-3所示。

⬆ 图1-2　素描静物(邱毅)

⬆ 图1-3　建筑速写(王思淇)

二、素描的分类

素描从研究内容上可分为结构(分析)素描、明暗(全因素)素描、速写,如图1-4～图1-6所示。

从目的和功能上可分为创作草稿和习作练习两大类,如图1-7和图1-8所示。

从使用工具上可分为铅笔、炭笔、钢笔、粉笔或多种工具并用的素描。

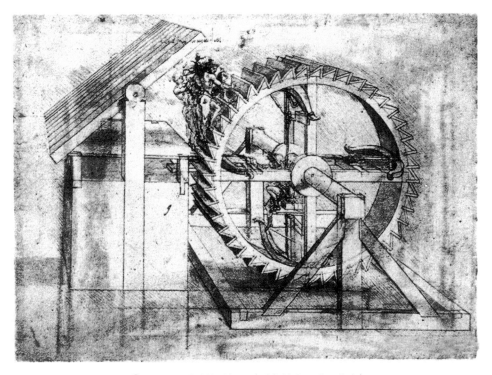

⚜ 图1-4 机械设计图（列奥纳多·达·芬奇）

⚜ 图1-5 老人像（阿尔布雷特·丢勒）

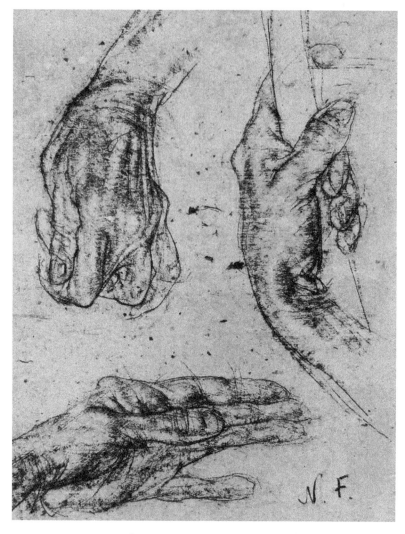

图1-6　手（尼古拉·费欣）

图1-7　创作草稿（列奥纳多·达·芬奇）

⊕ 图1-8　习作练习（吴东兴）

从写生内容上可分为静物、动物、风景、肖像及人体素描。

从时间长短上可分为长期素描、慢写、速写。

从表现形式上可分为写实素描、表现素描，如图 1-9 和图 1-10 所示。

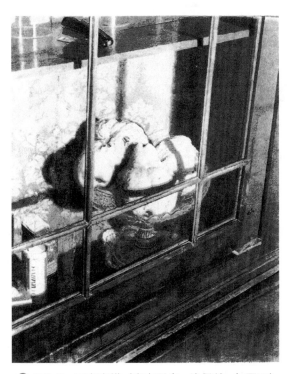

⊕ 图1-9　写实素描（安东尼奥·洛佩兹·加西亚）

⬆ 图1-10　素描风景（文森特·凡·高）

三、素描的工具

画素描需准备笔、橡皮、素描纸、画板、裁纸刀、图钉等工具，如图 1-11 所示。

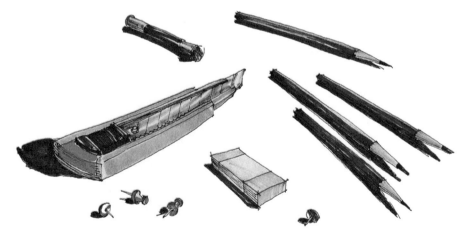

⬆ 图1-11　素描的工具

笔的种类很多，如炭笔、铅笔、钢笔等，作者可根据所要达到的艺术效果选取不同种类的工具：大幅的素描作品一般用木炭条来画；需长时间研究、推敲的作品多用铅笔来描绘；而钢笔则适合表现小幅作品。

对于建筑专业学生而言，铅笔是最易于掌握的工具。铅笔可以画出层次丰富的调子，在用线造型过程中可以做到十分精确而肯定，能够深入细致地刻画物象的细部，又便于修改。

铅笔的型号较多，H 是英文 Hard（硬）的开头字母，表示铅笔芯的硬度，H 前面的数字越大，也表示它的铅芯越硬，颜色越淡。B 是英文 Black（黑）的开头字母，表示石墨的成分，也表示铅笔芯质软的情况和写字的明显程度，B 前面的数字越大，表明颜色越浓、越黑。

四、素描的构成因素

素描的构成因素可分为两大类：造型因素和形式因素。

（1）造型因素是画面构成的基本因素，包括点、线、面。任何形式的素描都需通过点、线、面来表达。

（2）形式因素包括画面的明暗、层次、虚实、节奏、肌理等，是作者有目的地通过对造型语言的不同形式组合而形成的画面因素。形式因素能够决定一幅作品的风格及样式，如图 1-12 ～图 1-14 所示。

⊕ 图1-12　素描风景（伦勃朗·哈尔曼松·凡·莱因）

⊕ 图1-13　素描风景（文森特·凡·高）

1. 点

点是素描中最小的单位。点是线的收缩，线是点的排列；点与面是相对的，两个相差悬殊的面积，小的则被视为"点"。如夜空中的繁星、大海上的孤舟，本身有一定的面积，具有相应的形态，但在广阔的环境中会使人感到它如同一个点。

图1-14　无叶树木后面的楼群（阿道夫·门采尔）

点的形态使人产生小巧、凝集、闪动的视觉感受，依据形状和位置的不同，也会产生静止或运动的感觉。"点"如果处理得好，则会起到活跃画面、画龙点睛的作用。反之，则会使人产生零乱、琐碎的感觉。

2．线

绘画中的线是对客观事物进行抽象表现的产物，是透视压缩面的结果，是体的边缘或形与形的交界。线是素描中构成可视形象的基本条件。线不单是用于对轮廓、形体的表现，其自身的变化也有重要的意义：直线给人以速度感，显得锐利、明快；曲线给人的印象是柔和、优雅并富有节奏感；细线具有敏锐及运动感；粗线则显得豪爽而厚重，具有强烈的力量感；长线，具有时间性、持续性；短线有急促、刺激感。

线的不同疏密和粗细等排列，也会产生不同的视觉感受。素描中的线条有长短、宽窄、轻重等多种多样的变化：严谨的，要求准确到位；放松的，随意中求精练；铺出的线群，可以通过其轻重疏密来产生明暗调子，表现出物体的质感、空间感、层次感和节奏感。

3．面

在二维平面内，特定的面积则称之为形。由于素描的画纸为二维平面，因此，我们描绘任何物象都需通过形来把其"落实"在二维的平面上，一幅素描作品的创作过程可以概括为从抽象形（起稿时的轮廓）的组合到具象形（具体形象）的关系。

现实世界的"形"千姿百态，有些形是一目了然的，有些则是需要探索发现的。素描中的形，更需通过作者的总结、归纳与提炼，才能使其画面给人以丰富、多变的视觉感受。

显性的形是指易观察的、有相对明确边缘线的形。初学画者多从几何形体入手是因为在练习过程中，在画面上划分面与面的衔接相对容易；隐性的形无明确边界，需要作者凭借感觉及经验归纳总结。如水面的波纹，随风摆动的树叶等，都属于需要丰富的画面处理经验才能把握得当。

4．明暗

明暗指画面的深浅变化或黑、白、灰的布局。物体因受光、背光而产生的现象,落实到画面上就是我们常说的三大面、五大调子。这是素描当中表现明暗的基本规律,是塑造形体表现空间的重要手段。

我们也可根据画面主次关系,主观布置画面的黑、白、灰。如建筑速写中的线条疏密关系,疏的部分"白","密"的部分黑。

5．层次

层次是表达空间、丰富画面的重要因素,一幅画如果缺乏层次变化,会显得呆板、单一。素描的层次有两方面含义,一是指调子的黑白色阶变化;二是指同一面积经过反复描绘所达到的丰富效果。素描是通过对线条的不同轻重、粗细、疏密和穿插进行排列与组合来表现层次的。大面积的黑如果缺乏层次的变化则会有"腻"的感觉。

6．虚实

我们在观察远处的物体时,相对于近处的则会产生"虚"的感觉。素描的虚实就是根据人的视觉感受处理画面空间及主次关系的艺术手段。形体的虚实关系是在二维平面上制造三维空间假象的重要手段,同时也是体现画面主次关系的有效方法。一般情况下,我们在处理形体关系时需遵循近实远虚或主要物体实、次要物体及背景虚的原则。

7．节奏

节奏这个词是由音乐的术语引申而来。音乐中的节奏是指声音所产生的长短、强弱、重复等变化规律。绘画中的节奏,是指画家在对线条、明暗、色彩等的组织过程中,进行有秩序的、有变化的强弱处理的一种手段。

线条的节奏处理包括长短变化、疏密布局和深浅对比。明暗的节奏处理可以是根据客观物象的明暗和强弱对比所表现出的画面效果,也可以是作者主观布置的黑、白、灰所产生的画面关系。

8．肌理

肌理是指物体表面的纹理,在绘画中可理解为作者处理画面效果时所留下的痕迹。造型方式、铅笔型号、纸张纹理的差异都会形成不同的画面肌理效果。能够巧妙地运用绘画的"肌理"语言,离不开娴熟的绘画技巧,更是作者风格的鲜明体现,如图 1-15 所示。

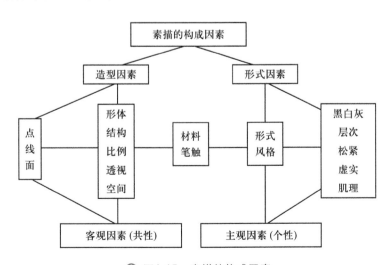

⚑ 图1-15　素描的构成因素

五、画素描的注意事项

（1）距离。画板要与所描绘物象垂直摆放,避免遮挡视线。与物象的距离一般是其整体宽度或高度的两倍以上,太远了看不清楚物象的细节,太近则无法观察物象的整体效果或导致透视变形。

（2）角度选择。画画要选择理想的角度,如在面对一组静物时尽量选择最能激发我们绘画表现欲望的角度,提高视线（如利用站姿）,更易表达形体的空间感,避免缺乏明暗变化的受光或逆光面。

（3）姿势。腰身挺直,手臂伸展,画板要与视线垂直,如图1-16所示。

⊕ 图1-16 画素描的姿势

（4）执笔。起稿时通常用铅笔不穿过虎口而置于掌下的横握方法,运笔时笔尖在纸面上"滑行",画出的线条连贯、流畅,由于腕力与肘力得到发挥,线条也显得格外有力。深入刻画时运用类似于写字的执笔法,但手离笔尖要保持较远的距离,可用小拇指作为支撑来保持稳定,切不可因拿不稳笔而将整个手掌贴在画面上。开始时会不习惯,习惯了就会感到自如了,如图1-17所示。

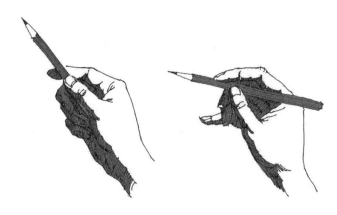

⊕ 图1-17 画素描的执笔法

（5）运笔：通过不同力度来运用铅笔的中锋及侧锋,画出的线条有长短、粗细、浓淡、疏密、交叉等变化。一般来说,确定大的形体关系用长线条,深入刻画时线条相对较短;次要物体和暗部线条关系相对含蓄,主要物体和亮部用线清晰明确。铅笔画常用交叉线条做效果,交叉线条以顺手随意为度,尽量避免十字交叉。平时要多作线条的练习,使线条自然流畅、疏密有致、浓淡适宜、层次清晰。

（6）橡皮用法：作画时过度依赖于橡皮的修改是需要克服的。如在起搞过程中,当第一笔画不对时,可以以此为参照再画上第二笔,等一切关系都画好之后,再把有碍画面效果的线条用橡皮轻轻擦去,这样整幅画面就清楚可爱多了。在深入刻画过程中,画面上会积累下许多线痕,这些痕迹通常到都会在调整过程中得到利用,我们只需把破坏画面的部分擦去,这样也较为省力。

另外,通过不同力度地使用橡皮来擦除相应内容,也是制造画面特殊效果的有利工具。

六、透视的基本规律

透视是表现建筑效果的重要因素,因此,在素描写生中,对形体的透视规律应予以高度重视。我们常说的近大远小就是透视的基本规律,具体地说就是把三维空间的形象表现在二维平面上的绘画方法,使平面的画有立体的空间感,如同隔窗观景。

在了解透视规律前要明确以下一些名词。

（1）视点：作者眼睛的位置。

（2）视高：视点到地面的垂直距离。

（3）视线：视点与物体之间的假想连线。

（4）视平线：根据视点高度所确定的假想水平线。

（5）视阈：视点固定时所能见到的范围,大约视点前 60° 角的范围。

（6）灭点：透视线的消失点。

（7）天点：透视线在视平线以上的消失点。

（8）地点：透视线在视平线以下的消失点。

下面介绍基本的透视规律。

（1）平行透视。即物体向视平线上某一点消失,如图 1-18 ～图 1-20 所示。

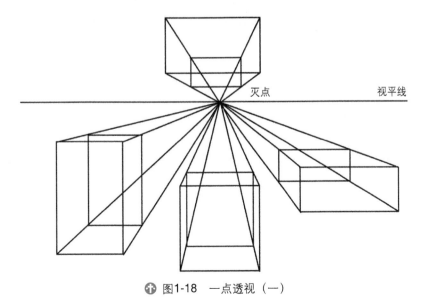

图1-18　一点透视（一）

🔶 图1-19　一点透视（二）　　　　　　　　🔶 图1-20　一点透视（三）

（2）两点透视（成角透视）。即物体向视平线上某两点消失，如图 1-21 和图 1-22 所示。

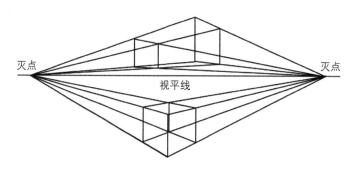

🔶 图1-21　两点透视（一）

🔶 图1-22　两点透视（二）

（3）三点透视（倾斜透视）。一般用于超高层建筑，俯瞰图或仰视图，如图 1-23 和图 1-24 所示。

（4）天点、地点如图 1-25 和图 1-26 所示。

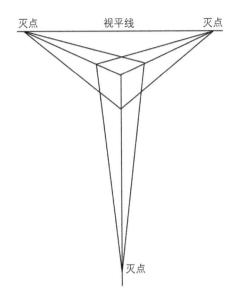

⬆ 图1-23　三点透视（一）

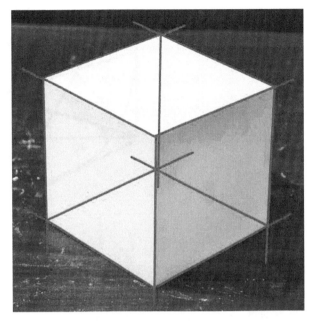

⬆ 图1-24　三点透视（二）

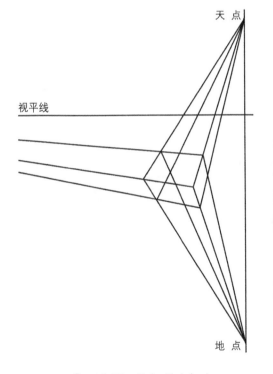

⬆ 图1-25　天点、地点(一)

⬆ 图1-26　天点、地点(二)

（5）圆形透视如图 1-27 ～图 1-29 所示。

（6）散点透视也叫多点透视，即不同物体有不同的消失点，这种透视法在中国画中比较常见，如图 1-30 所示。

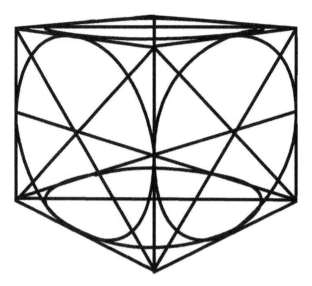

图1-27　圆形透视（一）

图1-28　圆形透视（二）

图1-29　圆形透视（三）

图1-30　清明上河图（张择端）

七、静物素描

几何形体是对世间万物外在形态的高度概括,我们身边的建筑正是由各种形态的几何形体组合而成。对建筑类专业学生而言,更应该把几何形体画好,在"简单"形体当中发现物体的形态构成条件和变化规律,并具备良好的形体分析能力及空间想象力,如图 1-31 所示。

✿ 图1-31　几何形体组合

静物写生是几何形体写生的延伸和发展,写生所用的物体大概分为人造型(各式器皿等,对应建筑的形体结构)和自然型(水果、蔬菜等,对应人物、植物等配景的不同形态)两大类,不同物体的形体结构实际上仍是不同的几何形体的组合,只是材质各不相同,如图 1-32 所示。

✿ 图1-32　静物组合

通过由简到繁的静物组合写生,能够从中学习造型的基本规律——统一和变化、对比和协调、比例和节奏、肌理和质感等,进而应用到今后的设计中,如图1-33和图1-34所示。

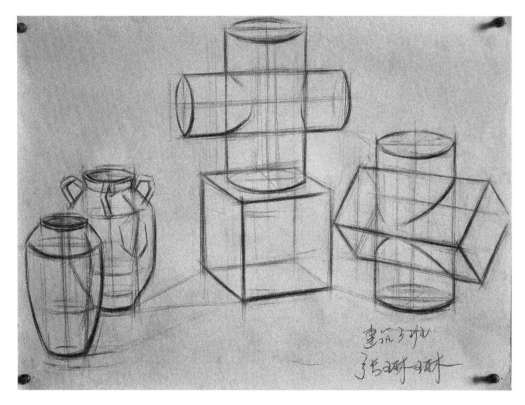

⬆ 图1-33　结构素描（张琳琳）

⬆ 图1-34　明暗素描（吴铮）

第二节 对形体结构的观察、分析及表达

一、结构素描的概念

以研究物体的形体结构为目的,通过各种形式的线条来进行表现的素描,我们称之为结构素描。画结构素描需抛开物体表面的诸多视觉因素,对物体以几何形体分析为原则,并采用透视的截面剖析方法予以简化和强化,使物体的结构组合关系以及物体的空间状态在画面上肯定、明确,清晰可见。从结构出发的素描训练,是一个从内到外、从分析到综合、从研究到表现的学习过程,结构线的运用,能够抛开不必要的细节,抓住形体的本质,获得比自然形态更强烈的艺术形象,进而增强对形体的理解能力与空间的想象能力。

结构素描的绘画原理是建筑类专业学生需要重点掌握的,先把形体结构和明暗分开,在用线准确表现出物体的轮廓、比例、透视、结构后,再结合明暗调子作综合练习。结构就如同房子的整体框架,明暗调子相当于砌墙、安窗,如图 1-35 所示。

⊕ 图1-35 结构素描(刘伟)

二、形体分析

在动笔之前,需对眼前物体的形体比例、透视、特征、组合及转折方式进行具体的分析,确定能够准确表达形体结构关系的方法和步骤。此过程可通过以下几种方法进行。

(1)透视法。利用形体的(平行、成角、圆形等)透视原理,归纳结构线的长短、方向,如图 1-36 所示。

(2)辅助法。在确定空间中的点、线、面的关系时,需要连接一些起到辅助作用的线条来确定三者间的关系问题,如图 1-37 和图 1-38 所示。

⬆ 图1-36　形体分析——透视法

⬆ 图1-37　形体分析——辅助法（一）

⬆ 图1-38　形体分析——辅助法（二）

（3）概括法。抓住复杂形体的整体特征，把握住形体变化的总体秩序后再进行具体描绘，如图 1-39 所示。

（4）分解法。把复杂的形体分解为若干个相对简单的形体组合，"各个击破"后再进行统一调整，如图 1-40 所示。

（5）轴线法。寻找物体外形的对称关系，确定轴线后相互对应地确定形体关系，如图 1-41 所示。

（6）抚摸法。对于形体转折不明显或者不规则的物体（如水果），可用手来感受其形体转折关系，以便辅助造型。

⬆ 图1-39　形体分析——概括法

⬆ 图1-40　形体分析——分解法

⬆ 图1-41　形体分析——轴线法

三、结构素描的用线法则

画结构素描要求线条尽可能连贯,根据线条的长短,通过手臂及手腕不同幅度的摆动,使笔在纸上反复"滑"行来完成。手臂摆动的幅度要尽可能超过所绘线条的长度,并且要等到找准感觉后再落笔,就如同打桌球之前的瞄准一样,如此才能够更好地保证线条的连贯及方向的准确性。能够一笔画出的线条尽量不要把它变成数笔的衔接。在反复的过程中,不是以第一笔线条为基准把它描黑,而是在反复过程中根据所确定的线条方向不断地做"微"调整,在每一遍的强化过程中都使线条更接近于自己的要求。

线条是结构素描画面的主要造型因素,我们在关注形体关系的同时,还需注意线条的变化秩序,否则,如果把画面中的线条都画成一样粗细,所有的形体就会像铁丝编的一样生硬。一般情况下结构素描的画面秩序是:物体近实远虚。我们所能看到的形体转折为实,在造型过程中分析出的结构线及"不存在"的辅助线为虚。实的线条要尽可能粗壮有力,虚的线条也要连贯准确。

四、结构素描的作画步骤

素描的写生过程可概括为做准备工作、选角度、观察、构图、确定大的形体关系、整体与局部的反复深入刻画和整理完成。

尽管画素描的工具相对简单,但做好充分的准备工作也是有必要的。如削好所需的铅笔,调好画架的高度,把纸固定平整等。准备工作是完成一幅作品的重要阶段,工欲善其事,必先利其器。在做好准备工作之后,也不要急于动笔,需选择最能激发我们表现欲望的角度观察一段时间,确定对形体的感受。

1．确定构图

当我们把观察对象时得到的感受转换为具体的绘画语言时,就需要通过构图在纸上将其进行合理的布局安排。构图能够决定一幅作品的成败,尽管只是寥寥数笔,也是要精心推敲的。

一般情况下,静物素描构图的基本要求如下。

(1) 大小适中。画面中的物体不要画得太满,这样无法表现空间环境,容易给人拥堵的感觉;反之物体画得太小而使纸张过多面积得不到利用,则会使人感觉画面太"空"。

(2) 画面平衡

平衡不等于平均,是指能够充分利用纸张来表现物体及画面因素,而不是使之集中于画面的某个角落,造成一种"失衡"的感觉。

(3) 在构图时我们习惯先确定物体在画面中最靠上的点,这也是表达空间感的需要,因为一组静物在画面的位置越靠上,就意味着静物台的平面在画面中所占的面积越多。静物台的立面是垂直于视线的,这样平面在画面中才有纵深,因此,静物台的平面在画面中的面积越大,画面的远近(空间感)则越容易表达。并且,由于在处理画面时是围绕着主体物做"文章",如果主体物太靠下,大面积的调子会给人一种下沉感。

(4) 画面中最主要的物体或视觉中心不要放在正中央,就如同我们在拍照时一般习惯把人物放在照片偏左或偏右的位置会感觉舒服一样。这是人的视觉规律,也是丰富画面变化的需要。

确定出最佳的构图方案并开始动笔起稿的时候,可根据对象的基本大形特征在纸上确定上、下、左、右四个点并连线,以此为界限来确定大的形体关系,在调整形体比例时也是以此为基准,不可向外随意扩张,如图 1-42 和图 1-43 所示。

⬆ 图1-42　几何形体组合

⬆ 图1-43　确定构图

2．造型过程

画结构素描需从整体入手，不要因画面因素的"相对简单"而急于把某个物体画完。在造型过程中应做到相互参照，通过比较才更有助于把形画准。在起稿过程中做到线条松动可变，在不断调整中逐步清晰。造型过程中分析出的结构线及辅助线要尽量保留，正是由于这些线的存在才能够体现我们对形体的深刻理解，就如同解数学方程题的步骤，正是通过合理的步骤才能得出正确的答案，如图 1-44 ～图 1-46 所示。

3．整理完成

无论何种形式和内容的美术作品都需具备观赏性，因此，在最后阶段强化画面的主次关系、丰富变化效果是很有必要的。

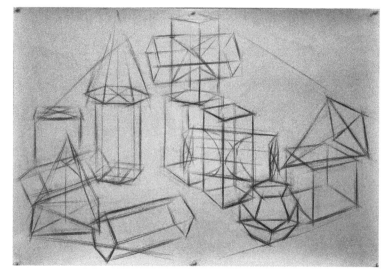

图1-44　确定形体的比例、透视关系

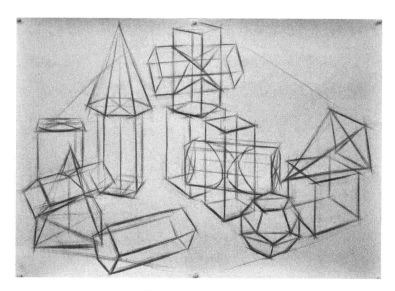

图1-45　造型过程

图1-46　组织线条

通过进行线条的疏密变化,能够更好地分清画面的主次,增强画面的完整感,如适当地丰富主要物体的线条,把主要物体的透视变化、辅助线表达得更充分,从而与次要物体拉开差别。

　　拉开画面线条的虚实关系使线条变化更丰富。画面的黑白反差越大,二者间灰度的变化才越多。有目的地拉开画面的对比效果,会使画面中的形象更具感染力,如图 1-47 所示。

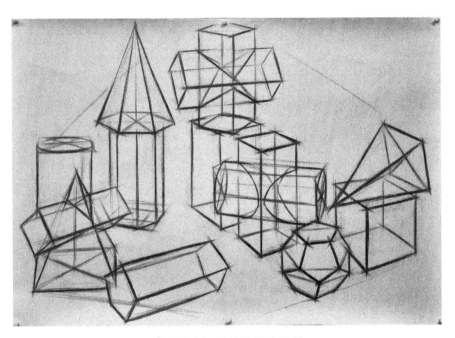

⬆ 图1-47　结构素描（丁鹏）

五、作品欣赏

　　结构素描作品欣赏,如图 1-48 ～图 1-59 所示。

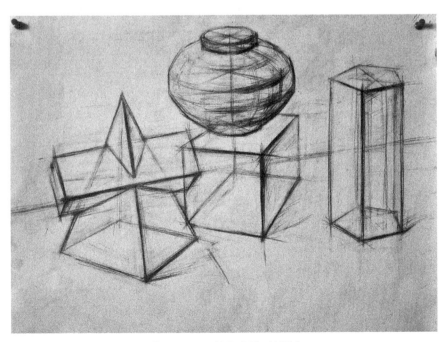

⬆ 图1-48　结构素描（刘伟）

⊕ 图1-49 结构素描（刘晓晨）

⊕ 图1-50 结构素描（刘晓晨）

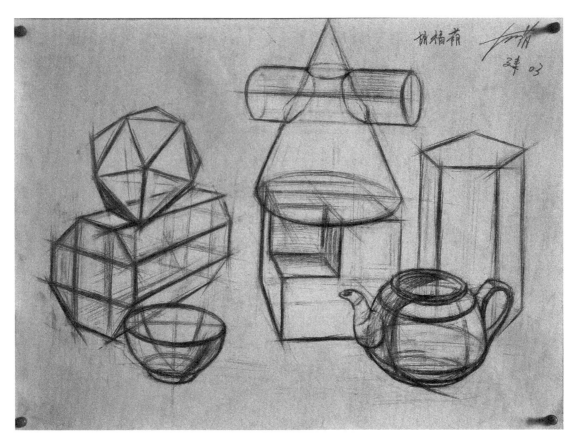

⬆ 图1-51 结构素描（胡福荫）

⬆ 图1-52 结构素描（王旭彤）

⬆ 图1-53 结构素描（王璐）

⬆ 图1-54 结构素描（朱建达）

↑ 图1-55　结构素描（王思淇）

↑ 图1-56　结构素描（吕曦冉）

❀ 图1-57　结构素描（姜铮）

❀ 图1-58　结构素描（曹爽）

🔶 图1-59 结构素描（赵毅）

第三节 对物象视觉因素的感受及表现

一、素描的明暗表现

素描的明暗效果需通过上调子完成，上调子要讲究三大面、五大调子。

三大面对应的就是画面的黑、白、灰。以正方体为例，其受光面为亮面，侧光面为灰面，背光面为暗面，三者的重度不能冲突，在对其进行表现的过程中自然就形成了画面的黑、白、灰关系，如图 1-60 所示。

五大调子是指画面的黑白层次过渡。以球体为例，在表现其形体过渡时需区别受光面、过渡面、明暗交界线、反光面及投影的不同重度，也就是说，在完成弧面过渡时，至少需要表现出五个层次的调子，如图 1-61 所示。

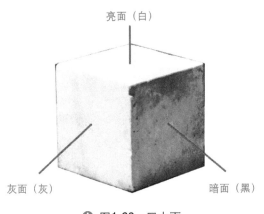

🔶 图1-60 三大面

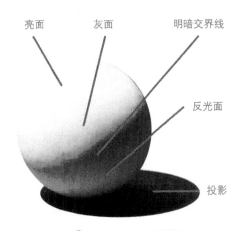

🔶 图1-61 五大调子

在实际应用过程中,我们不可能按照口诀去操作,需要做到的是组织好画面的黑、白、灰布局,并尽可能地丰富画面的层次变化。一般情况下,画面中最重的"黑"要画到铅笔所能达到的最大重度,因为纸的亮度是固定的,笔的"黑"与纸的"白"对比越强烈,二者之间"灰"的变化才越多。

调子是表达黑白效果的手段,通过不同方向、长短、深浅变化的组合,能够表现形体的空间感、体量感、质感。不依附于形体的线条排列不能称其为调子。上调子的方法很多,因人而异,但最终的目的只有一个,就是更充分地表达形体。过度地追求线条的"花样"是无意义的。

调子的方向可以决定形体的转折方式,如横向的排列能够体现上下的转折;纵向的排列能够交代左右的变化。调子的对比关系能够体现形体的强弱。对比清晰,线条明确的形体感觉靠前;效果柔和,线条含蓄的形体感觉退后。

调子的不同对比方式还可以体现物体的量感及表面的质感,用较重且对比弱的调子描绘的物体分量重;用较淡且对比弱的调子描绘的物体分量轻;调子深浅过渡均匀的面粗糙,调子黑白反差强烈的面光滑,如图1-62所示。

⬆ 图1-62　调子的使用方法（桂行）

二、明暗素描的作画步骤（以静物题材为例）

1．观察

静物素描所表达的是整组物体的关系及效果,包括物体之间及物体与环境的关系。我们需通过对其整体的观察来把握整组物体的形象特征。

（1）比较物体间的形象差异,如高、矮、胖、瘦等。

（2）比较物体及环境的黑白差异,确定画面的对比关系及黑、白、灰布局。

（3）确定画面的主次关系,把握作品节奏。

一幅画的作者就如同一部戏的导演,需交代好故事发生的时间（光线、背景、环境）、地点（静物台）、主角与配角（画面的主次）及人物之间发生的故事（物体间及物体与环境的关系）,还需把握剧情的进展（画面的节奏）等,这些都是需要"苦心经营"的。对以上因素平均处理,像记流水账一样地来记录是要不得的。

整体观察还包括对画面的观察,绘制过程中最好能够在每个阶段退到远处观看一下画面,远距离观察能够更好地把握画面的整体效果。

2．根据构图确定大的形体关系

这一步需要我们抛开细节,从大的形体关系入手来确定物体的特征、比例、透视等因素,在处理过程中能够相互比较、参照,而不是盯住某一物体没完没了地画。

打轮廓的时候,应按照从整体到局部的顺序,根据整体观察时得到的感受,借助几何形的概括方法去把握处理,选择 B 值较大的铅笔在纸上采用长而概括的线条来描绘,对线条的要求是松动可变、虚实得当、可进可退。"进"是指在此基础上可进一步明确;"退"指的是便于对线条进行调整。在起稿时如果把线条画得过"死",势必对下一步的创作产生干扰。一幅作品如果在开始时的感觉就是"僵硬"的,那么在结束时其效果肯定也是缺乏"灵性的"。因此,在起稿之初就需保持一种放松的状态,好的开始是成功的一半。

在确定出对象大体外形的同时,也应注意内部主要转折。在大关系确定出来以后,可将画面放置到远处与实物进行比较。把画面推远,一切细节局部就变得不那么清晰了,这样才使我们能比较容易地一眼看到画面的整个形体比例动态关系。也可以借助手中的铅笔来进行确定和做校正工作。以笔顶端为上点、用大拇指尖在铅笔杆上所测出的位置为下点来检查校正形。

绘画注重的是感觉,它所要求的准确只是相对于视觉方面,而不是科学意义上的绝对精确,如图 1-63 和图 1-64 所示。

⊕ 图1-63　爱奥尼克柱式

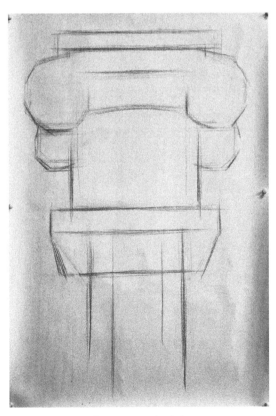

⊕ 图1-64　打轮廓

3．确定画面的黑白关系

一幅素描的阶段变化就如同用显相纸洗照片的成像过程，是一个整体，会由重到轻逐步显示，而不同于打印机从一侧开始打图的"推进"过程。因此，在确定大的明暗关系时也要从整体入手，按秩序进行。可从画面最"黑"的部位开始画起，在相互比较的同时，确定所有物体及背景的暗部及投影，在暗部表达充分后再处理画面的"灰"和"白"。

上调子时需注意不要画一遍就达到所需的重度，这样，既不便于调整又会使画面缺乏层次变化。在排线时也应使用 B 值较大的铅笔并适当拉开线条距离，保持面的"透气性"，使画面具备良好的氛围，如图 1-65 所示。

4．深入刻画

在深入刻画之前，首先要做的就是对物体细节的局部观察。此时需离开画面到物体跟前仔细观察形体及质感。在对物体的每一个部分都进行了深入了解之后，可从画面的主体或最感兴趣的物体入手。

所谓深入，指的是对画面关系——形体关系进行丰富的层次变化，而不是把边缘线及调子"描"细。尽管在深入刻画过程中主要是围绕每一个局部进行，但仍要顾及画面的整体，尤其是整幅作品的主次关系，应有目的地控制对不同物体及画面局部所投入的"精力"，一方面加强和丰富画面主要物体或主要部分的效果；另一方面也有目的地削弱画面中起到衬托作用的部分，如图 1-66 所示。

⊕ 图1-65　确定大的黑白关系

⊕ 图1-66　深入刻画

5．整体和局部的反复调整

在进行了一遍深入刻画之后，由于着眼点的不同，可能会造成画面某一部分的不协调，因此，还需对整体关系进行调整，对于不必要的细节，我们要毫不犹豫地削弱或去除。素描是一个反复的过程，正是通过作者对画面关系的反复推敲，才能使作品不断地接近完美；也正是由于在推敲过程中的反复修改，才能够在画面中体现作者在思考、探索时"挣扎"的痕迹。这些因素,都能够增强画面的可看性,正如在文学、影视作品中,往往激烈的"矛盾、冲突"越多,越能够抓住人们的眼球,如图 1-67 所示。

6．整理完成

从理论上说,一幅写实的素描作品是可以不断深入刻画的。所谓的完成实际上是使画面具备一种相对完整的感觉。这种完整的感觉是在起稿之后就应该具备的,并且与画面的主次关系密切相关。只有使相对丰富及相对概括的效果并存,才能够体现画面的完整。一幅作品无论刻画得多么深入,如果画面效果是"平均"的,也会使人感觉该作品仍处于创作过程之中,如图 1-68 所示。

⊕ 图1-67 反复调整

⊕ 图1-68 明暗素描(丁鹏)

三、素描的质感表现

（1）通过俯视取景,活跃画面氛围;根据物体的不同质感,确定表现形式,如图 1-69 所示。

（2）确定构图,注意形体比例、特征及透视变化;起稿用线要轻松活跃,整体要连贯,如图 1-70 所示。

（3）通过调子的长短、方向、力量寻找画面的节奏感,如图 1-71 所示。

（4）利用纸张纹理与铅笔线条不同力度的"摩擦",体现画面的质感,如图 1-72 所示。

（5）通过丰富形体变化进一步强化造型语言的形式感,如图 1-73 所示。

四、作品欣赏

明暗素描作品欣赏,如图 1-74 ～ 图 1-93 所示。

⬆ 图1-69　取景

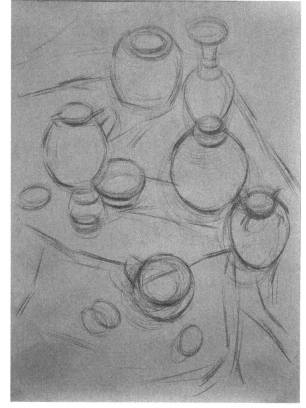

⬆ 图1-70　确定构图

⬆ 图1-71　控制画面的节奏

⬆ 图1-72　体现画面的质感

↑ 图1-73　素描的质感表现（丁鹏）

↑ 图1-74　明暗素描（一）（丁鹏）

↑ 图1-75　明暗素描（二）（丁鹏）

⊕ 图1-76 明暗素描（刘伟）

⊕ 图1-77 明暗素描（一）（学生作品）

⬆ 图1-78 明暗素描（二）（学生作品）

⬆ 图1-79 明暗素描（三）（学生作品）

⬆ 图1-80　明暗素描（四）（学生作品）

⬆ 图1-81　明暗素描（彭婉蓉）

⬆ 图1-82 明暗素描（赵凯文）

⬆ 图1-83 明暗素描（王旭彤）

⬆ 图1-84　明暗素描（杨楠）

⬆ 图1-85　明暗素描（黄宏蓝）

⬆ 图1-86 明暗素描（李倩雯）

⬆ 图1-87 明暗素描（邱毅）

图1-88 明暗素描（吴铮）

图1-89 明暗素描（一）（王思淇）

⬆ 图1-90　明暗素描（二）（王思淇）

⬆ 图1-91　明暗素描（张琳琳）

⬆ 图1-92　明暗素描（赵毅）

⬆ 图1-93　明暗素描（桂行）

第2章
建筑色彩

第一节 色彩规律

色彩所传达的信息和感觉,影响着人们生活的方方面面,我们的着装讲究色彩搭配;饮食讲究色、香、味俱全;所处的环境、身边的建筑更需要合理的色彩搭配,才能给我们带来舒适感。无数学者在各种领域不断探索色彩的奥秘,对物理学家而言,色彩是光;对化学家而言,色彩是各种矿物质;对生理学家而言,色彩是视觉的作用;对心理学家而言,色彩是大脑的活动。色彩使我们更全面地认识了世界,并且也是视觉艺术中的重要研究对象。

作为建筑类专业的学生,需充分掌握色彩的基本规律,从而在设计过程中合理利用色彩,控制画面基调,如图2-1所示。

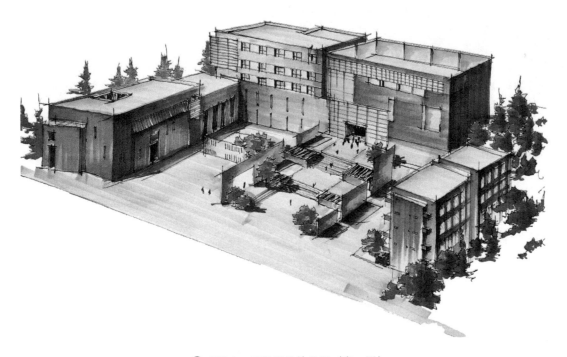

⬆ 图2-1 建筑手绘效果图(齐一泓)

一、色彩的产生

我们所能感受到的万千种颜色,都是由于太阳发出的光波被物体吸收或反射而形成的。从发光体如太阳、灯光、火焰等发出的光,能直接刺激人的眼睛,但更多情况下是发光体发出的光遇到物体后变成反射光或透射光再进入人的眼睛。通常视觉的传导过程是:光——色——目,可以说:"所谓色,就是光刺激眼睛时所产生的视感觉。"色光与颜料有着不同的特性,颜料受减色混合法的规律支配,混合次数越多越接近于黑色;而色光则受加色混合法规律支配,混合次数越多越接近白色光。

1666年牛顿用三棱镜分解出了光谱,对印象派绘画及设计艺术的发展都起到了很大作用,如图2-2和图2-3所示。

⊕ 图2-2　光的色散

⊕ 图2-3　卢昂大教堂(克劳德·莫奈)

二、色彩体系

色彩可归纳为无彩色系和有彩色系两大类。

1. 无彩色系

它是由黑白两色及二者相混的各种深浅不同的灰色系列组成。无色彩系中没有色相和纯度,只有明度上的变化,如图2-4所示。

2. 有彩色系

在可见光谱中的全部色彩都属于有彩色系。它以红、橙、黄、绿、青、蓝、紫为其基本色。基本色之间不同量的混合可产生千千万万种色彩。

我们也可以把色彩分为原色、间色、复色。

（1）原色。原色也称第一次色，即指最基本、最原始、非其他颜色合成的色相，也可以说是无法再分解的颜色。颜料中的大红、柠檬黄和湖蓝最为接近三原色。三原色混合后生成黑色。

（2）间色。间色也称第二次色，即由两原色混合而成。间色是橙、绿、紫三种色彩。

第二次色（间色）：红＋黄＝橙色　黄＋蓝＝绿色　红＋蓝＝紫色

（3）复色。复色也称第三次色。两间色相加即成复色，或是黑浊色与一种原色的混合。

第三次色（复色）：橙＋绿＝橙绿（黄灰）　橙＋紫＝橙紫（红灰）　紫＋绿＝紫绿（蓝灰）

以上只是色彩调和后的基本变化规律，在实际操作中还需根据感觉和经验不断摸索。

↑ 图2-4　无彩色系

三、色彩的属性

有彩色系中的任何一种色彩都具有三种属性：明度、纯度、色相。在色彩学中此三者被称为色彩的三要素，三种属性中的任何一种改变都将影响原来的面貌。可以说，色彩的三属性在具体的应用中是同时存在、不可分割的整体。

1．明度

明度是对色彩明亮度的表述，有两方面的含义：一是指不同色彩相比较的明亮程度，如在红、橙、黄、绿、青、蓝、紫中，黄色明度最高，红色和绿色次之，蓝色、紫色更低。二是指各种色彩本身的明亮程度，物体在光的照射下，受光的部分颜色浅，明度高；逆光的部分颜色深，明度低。在同一种颜料中，加入黑色则颜色变深，明度降低；加入白色，颜色变浅，明度增高。

2．纯度

纯度也称为色度或饱和度，即颜色的纯粹程度。红、橙、黄、绿、青、蓝、紫均接近于光谱的色相，可称为强纯度的色相。颜料中最接近三原色的大红、柠檬黄和湖蓝纯度最高，理论上通过这三种颜色可调和出其他各种颜色，不同色相的颜料混合越多，色彩的纯度越低。

3．色相

每一种颜色固有的色彩相貌称为"色相"，指各种颜色之间的区别。如光谱中的红、橙、黄、绿、青、蓝、紫七种标准色各有各的相貌特征，很容易分辨。色相可分为冷色和暖色两大类，如红、橙、黄等偏"暖"的颜色为暖色；青、蓝、紫为冷色。色彩的冷暖只是相对而言，在实际应用中还需根据具体色彩倾向辨别。

四、色相环与色立体

如果将色彩按光谱中的顺序排列为环状体，就可以形成色相环。在色相环上相近的颜色互为临近色，距离较远的颜色互为对比色，相对应的如红与绿、蓝与橙、黄和紫等互为补色，补色对比最强，二者调和后为黑色，如图2-5所示。

以无色彩系为中轴，依明度为序，白在上、黑在下并立起，以有彩色系各色相环围绕中轴水平放置便可形成"色立体"。世间一切色彩，理论上都可以被配置在这个色立体中，如图2-6所示。

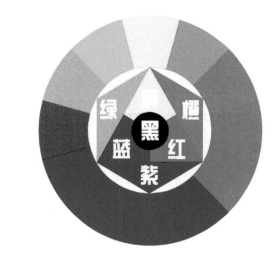

⬆ 图2-5　色相环

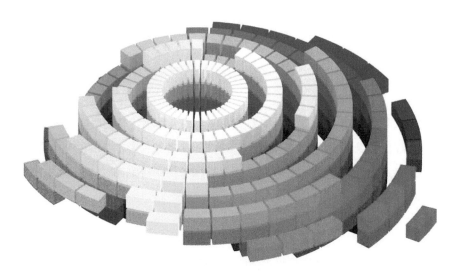

⬆ 图2-6　色立体

五、色彩的混合

色彩的混合分为加色混合、减色混合、视觉混合、旋转混合。

（1）加色混合是指色光的混合，不同的色光可叠加出新的色光，叠加次数越多，光线越亮。

（2）减色混合是指颜料混合，不同色相的颜料经过调和会形成新的色相，混合次数越多，颜色越重越灰。

（3）视觉混合是指在画面中对不同色相的色彩以点状并置，通过人的视觉加以混合而产生新色相的视觉"假象"，如图 2-7 所示。

⬆ 图2-7　大碗岛的星期天（乔治·修拉）

（4）旋转混合与视觉混合道理相似，如我们在抽打彩色的陀螺时，正是由于陀螺不同速度的旋转，才使其色彩"混合"出丰富的变化。

六、色彩的对比

1．明度对比——因色彩之间的明度差别所形成的对比

明度对比其实就是素描的黑白对比关系。色彩的明度对比有两方面含义：一是指同一颜色发生明度变化，如水彩颜料加水后与原有色相的对比；二是指不同色彩之间的明度对比。我们之所以说"有什么样的素描就有什么样的色彩"，就是因为一个人的素描作品如果对比强，其色彩作品的画面效果一定响亮，如图 2-8 所示。

⬆ 图2-8　水彩静物（一）（伊华丰）

2．色相对比——因色相之间的差别形成的色彩对比

色相对比的强弱,决定于色彩在色相环上距离的远近,不同色彩在色相环上的距离越远对比就越强；距离越近对比就越弱。互为补色的黄与紫、红与绿、蓝与橙对比最强。

我们都有被阳光刺眼的经历,这个时候我们无论闭眼或是看东西,眼前都会出现蓝绿色的影子,正是基于这种眼睛寻求色彩平衡的自我保护功能,人们才总结出色彩的补色原理。画面中有如大面积的红,就需要适当面积的蓝绿来拉开对比。画面中如果全是暖色而无冷色,则会使观看者感觉"燥"；反之都是蓝绿等冷色而无暖色,观看者则会觉得"生"。白色的石膏体在暖光的照射下,亮部偏黄时,暗部肯定有紫的倾向。我们在画风景时,一般也需靠补色对比来拉开前景、中景与远景的色彩关系,如图 2-9 所示。

3．纯度对比——因纯度差别而形成的色彩对比

空间中的色彩都是相对的,即使是"纯"颜色的物体也会因光源及环境的影响而使局部纯度降低,因此,在实际操作中我们更多的时候都是在协调"灰"的关系。能够巧妙地驾驭"灰"的色彩变化,是作者绘画功底及艺术修养的体现,因此,很多时候我们把漂亮的灰色调称作"高级灰",如图 2-10 所示。

色彩的三要素是密不可分的,其对比关系也是相互联系、相互影响的,巧妙地运用各种方法对画面中不同物体的色彩进行处理,才会画出真实而有个性、丰富而又统一的色彩关系。

⬆ 图2-9　水彩静物（二）（伊华丰）

⬆ 图2-10　水彩静物（三）（伊华丰）

七、色彩的情感与联想

不同的色彩能影响我们的情绪并使我们产生联想,当我们看见美景时会心情愉悦;看见乌云满天,则会感觉紧张压抑;当我们看见红色会联想到鲜血或火焰;看见绿色则会联想到大自然的森林和草原,如图2-11和图2-12所示。

⬆ 图2-11 色彩的情感

⬆ 图2-12 色彩的联想

根据这些规律,人们对色彩的情感与联想做了以下总结。

1．色彩的冷、暖感

色彩本身并无温度差别,是视觉引起的心理联想。当我们看到红、橙、黄、紫等色时,容易联想到太阳或火焰,从而产生温暖、热烈等感觉;见到蓝、绿等色后,则易联想到天空、冰雪、海洋,而产生寒冷、理智、平静等感觉。

2．色彩的轻、重感

明度高的色彩易使人产生轻柔、飘浮、上升等感觉。明度低的色彩易使人产生沉重、稳定的感觉。

3．色彩的空间感

一般暖色、纯色、高明度色、强烈对比色等有前进感;冷色、浊色、低明度色、弱对比色等有后退感。

4．色彩的大、小感

由于色彩有前后的感觉,因此暖色、高明度色等有扩大、膨胀感,冷色、低明度色等有显小、收缩感。

5．色彩的华丽、质朴感

色彩的三要素对华丽及质朴感都有影响,明度高、纯度高、丰富、强对比的色彩组合感觉华丽;明度低、纯度低、单纯、弱对比的色彩组合感觉质朴。

6．色彩的活泼、庄重感

暖色、高纯度色、强对比色感觉跳跃、活泼、有朝气,冷色、低纯度色、低明度色感觉庄重、严肃。

7．色彩的兴奋与沉静感

鲜艳而明亮的色彩给人以兴奋感,柔和而深沉的色彩则给人以宁静感。

合理地利用色彩的情感与联想功能,无论对于提升画面的意境还是对设计效果的充实都有重要的意义。

八、写生色彩的变化规律(以静物题材为例)

物体在吸收了太阳光后反射出来的色彩,我们称其为固有色。影响物体固有色的有以下几个因素。

(1)质地。表面粗糙固有色强,表面光滑固有色弱。

(2)空间。距离视点近,固有色强;反之则弱。

(3)光线。受光面固有色弱,侧光面固有色强。

(4)色相。颜色重、纯度高的固有色强,颜色浅、纯度低固有色弱。

不同的光源会导致物体产生不同的色彩,比如在舞台的旋转灯光下,我们的皮肤也会随着光线的转变而改变色彩,这就是所谓的光源色。

绘画写生的光源色分冷暖。

(1)阳光。不同时间段或因天气原因会有冷暖差异。

(2)灯光。灯泡——暖黄味,日光灯——蓝味。

环境色是物体由于环境的色彩影响所产生的固有色的变化。由于各种物体吸收、反射光的性质和所处的空

间环境不同,呈现出的色彩也不同。比如同一个物体,把它放在红衬布上与放在绿衬布上,其暗部所呈现出来的色彩是不同的。

一般情况下物体的亮面受光源色影响较多,灰面则更多地体现固有色,暗面在体现环境色的同时还需注意光源色的补色。

在表现物体颜色时,我们还需注意保证画面整体色调的统一。写生色彩的色调是指在特定光线及特定环境中物体的色彩所形成的关系。色调也可以理解为一幅作品的整体基调,即一幅作品中占有主导地位的色彩倾向。我们常说的色调不统一也就是指作品中出现了不符合色彩关系的色块,如图2-13所示。

在练习过程中,色彩的理论只是起一定的指导作用,我们还应以对色彩的直观感受为基准作画,在保证画面整体色调的同时,画出丰富的色彩变化。

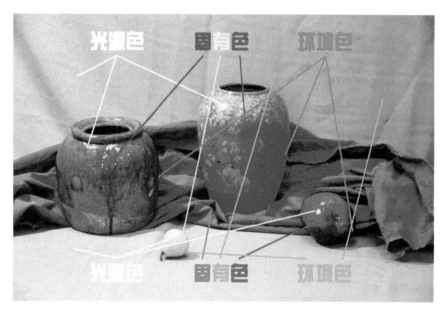

✤ 图2-13　写生色彩的变化规律

✤ 图2-14　水彩静物（一）（学生作品）

九、写生色彩的处理方法

在实际操作中,我们往往都是通过不同面积的色块组合所形成的色阶变化来表达物象的色彩变化。通过不同的明度色阶、纯度色阶、色相色阶所形成的对比与衔接,能够充分表达画面中的形体及色彩关系。根据不同物象色彩及质感特征,可以三者之一为重点、其他两者为辅助的处理方式进行表现:一般情况下处理色彩纯度高且质感光滑的物体,可以以明度色阶的过渡为主;处理纯度高鲜艳且质感粗糙的物体,可以以纯度色阶的过渡为主;处理色彩丰富的物体可以以色相色阶的过渡为主,如图 2-14 ~ 图 2-16 所示。

↑ 图2-15　水彩静物(二)(学生作品)

↑ 图2-16　水彩静物(三)(学生作品)

<h1>第二节　水彩的基础知识</h1>

一、水彩画的概念

水彩画顾名思义,就是以水为媒介调和透明颜料完成的绘画作品。由于色彩透明,一层颜色覆盖另一层可以产生特殊的效果,但调和颜料种类过多或覆盖遍数过多会使画面变脏,所以水彩画多为清新明快的小幅画作。水彩也可作为速写的辅助效果,如铅笔、钢笔淡彩等,如图2-17～图2-19所示。

⬆ 图2-17　水彩静物(吴晓云)

⬆ 图2-18　速写(一)(埃贡·席勒)

⬆ 图2-19　速写(二)(埃贡·席勒)

水彩颜料富有清澈透明的视觉效果,在结合水的流动后则使画面更加淋漓酣畅、自然洒脱。

人物、绚丽的风景、富有情趣的静物都可以是水彩画的题材。建筑题材的水彩画历史悠久,由于其画面效果及材料特性符合建筑师们的审美和表现需要,水彩也是建筑师们表达设计效果的有力工具,如图 2-20 和图 2-21 所示。

⊕ 图2-20　水彩风景(阿尔布雷特·丢勒)　　⊕ 图2-21　水彩风景(格热戈日·罗贝尔)

二、水彩画的工具材料

1．画笔

专用的水彩画笔有平头和尖头两类,还可配备一把略宽的软毛板刷。

2．画纸

水彩纸的表面纹理有粗细之分,选择哪一种取决于个人习惯、画面内容和画幅尺度等因素。作画之前最好先用清水将画纸浸透、铺平,然后用水融胶带沿着纸张的四边把画纸粘贴在画板上,平放于通风处,待干燥后纸面会非常平整,而且在绘制过程中纸面也不会出现变形。

3．颜料

颜料一般采用管装就可以,以下是一些常用颜色。

红色类：深红、大红、朱红；

黄色类：土黄、中黄、柠檬黄；

蓝色类：普蓝、群青、湖蓝；

绿色类：翠绿、浅绿；

褐色类：凡戴克棕、熟褐、熟赭；

水彩颜料种类很多，作画时不会所有都用，可根据个人习惯进行选择。

4．调色盘或调色盒

除使用专用的调色盒以外，还可以使用其他白色的塑料盘或瓷盘调色。

为调色便利，一般在调色盒中挤颜料时可按照色彩的冷暖类别依次排列，色彩常用的排列次序为：深红、大红、朱红、橙色、土黄、中黄、柠檬黄、浅绿、翠绿、湖蓝、群青、普蓝、熟褐、熟赭。在实际操作中可根据个人习惯省略其中若干种类。

画水彩时颜料用量较少，且挤出的颜料易干燥，为保持颜料的纯净，可根据需要适量使用。

5．涮笔筒

根据画面需要酌情用笔蘸水调色，在不用时涮干净笔中的颜色。

6．其他

除上述物品之外，还需准备一些辅助工具，如喷壶、纸巾、海绵等，这些都是用来修改败笔的常用工具，如图2-22所示。

⊕ 图2-22　水彩画的工具

三、水彩画的用笔方法

相对于画素描所用铅笔的"硬"，画水彩则属于用"软"笔作画。水彩笔的种类丰富，并且在作画时还需以水为媒介，通过不同方式的用笔可以画出丰富的笔触效果。一般情况下，需根据所描绘色块的面积来决定用笔型号的大小。侧锋可以铺面,中锋可以画线。水分含量大,可使颜料自然融合;水分含量少,则可清晰地分出层次。水彩的用笔方法是灵活多变、因人而异的,我们可以通过不断地练习来掌握并寻找到自身的特有表达方式,如图 2-23 和图 2-24 所示。

⬆ 图2-23　水彩静物（桂行）

⬆ 图2-24　水彩静物（陈杰）

四、调色

在色彩的调和过程中切忌"粉"、"脏"、"闷"。

所谓粉指的就是在调色过程中,色彩缺乏重度而使画面缺乏"响亮"的对比。"脏"是指调色时所用颜料过多使调和后的色彩没有倾向。"闷"就是色彩缺乏层次感、透明感,主要原因就是在调色时,过度地"搅拌"颜料,反而使色彩缺乏变化。

水彩画是用笔蘸水调和颜料来作画的,水分的多少能够决定色彩明度的高低。形体最亮的部分,如高光是通过留白的方式来体现,而不是靠白颜色来覆盖,因此,水彩画是不用白颜料的。调和较重的颜色时,通常是用补色或对比色来完成,黑颜料由于透明度差,运用不当会弄"脏"画面,所以要少用并慎用。熟褐是调色盘中最为中性的颜色,在处理画面中灰的部分时,不要因难以确定物象的色彩倾向而依赖熟褐,使整个画面变成"酱油调"。

需改变颜色的纯度及色相时,在调色的过程中所用颜料的种类不宜过多,一般控制在三种左右。在调和时,只需对所用颜料用笔"扒拉"几下便可,因为笔中的水分在绘制过程中会使颜料进一步混合。切不可像搅拌鸡蛋一样把颜料搅"熟",颜色调和得过于均匀就等于把多种颜色又变为一种色相。在画水彩画时,有时正是因为笔中的颜料不均匀,才会在画面中出现"偶然"的艺术效果。在调色时可先在调色盘上调出所要描绘物象色彩的大体倾向,然后根据物象色彩的变化,围绕大体倾向的色彩向周边调和其他颜色,这样就能保证所调颜色既符合整体又有变化。

另外,水分的运用和掌握是水彩技法的要点之一。水分在画面上有渗透、流动、蒸发的特性,充分发挥水的作用,是画好水彩画的重要因素。作画时还需掌握好水分,应注意时间、空气的干湿度和画纸的吸水程度。

五、水彩的干湿画法

水彩的干湿画法是指在绘制过程中画笔中水分含量的多少。干画法并不是用笔直接蘸颜料在纸上干涂,干画法仍需保证水彩的透明属性,只是相对于湿画法的用笔,笔中水分含量略少。干画法笔触明确,衔接时层次清晰,多用于塑造画面中的主要形体。干画法一般行笔较快,利用水彩纸表面的纹理及作者不同力度的笔法可产生出不同的效果,如图 2-25 所示。

⬆ 图2-25　水彩静物（燕成丽）

1．重叠法

利用水彩颜料的透明属性，使两笔颜色相重叠而在纸上混合产生出新的颜色变化。这种方法可以达到一般技法所不具备的画面层次感，要求用笔干净利落，不可拖泥带水而将纸上原有颜料带起，使颜色变脏不透明。

2．飞白、留白法

飞白是用笔时有意无意地在纸上留下的空白。水彩画中的飞白起着虚实相生的互补作用，能够丰富画面的效果及创造遐想的空间。但空白的大小及位置应控制得当，避免画面的花、松、散。

与油画、水粉画的技法相比，水彩技法最突出的特点就是"留白"的方法。一些浅亮色、白色部分，需在画深一些的色彩时"预留"出来。恰当而准确地留出空白，会加强画面的生动性与表现力；相反，不适当地乱留空，易造成画面琐碎花乱现象。着色之前把要留空之处用铅笔轻轻标出，关键的细节或是很小的点和面，都要在涂色时巧妙留出。另外，对比色衔接时也可适当空出距离并分别着色，以保持各自的鲜明度，待干时再做补充。"空"得既准确又生动，是技巧熟练的体现。在实践中反复练习，就会熟能生巧。

3．枯笔法

枯笔法就是在笔上的水分干涸时，所画出的苍老、遒劲的笔触，它是绘画中更趋成熟的艺术语言。枯笔与渲染的结合使用能够取得柔中带刚的艺术效果。

湿画法能够充分发挥水的功能，体现水彩的特性。

湿画法就是充分利用水的媒介作用而使颜料产生的清新、明快和自然渲染的艺术效果。在表现色彩的明暗及色相过渡时，使两块不同颜色的笔触在潮湿时相衔接，使其自然渗透、融合，产生极其自然的过渡变化。

湿画法能够很自然地完成不同色相、纯度的色彩之间的过渡，在表现画面的远景、模糊的轮廓及光滑的物体时能够充分发挥水彩的特性。湿画法存在很多的偶然性，往往会产生许多意想不到的画面效果，如图2-26所示。

图2-26　水彩静物（周彦文）

画水彩大多是干湿画法结合进行,湿画为主的画面局部采用干画,干画为主的画面也有湿画的部分,浓淡枯润,妙趣横生,如图2-27所示。

⊕ 图2-27 水彩静物(高畅)

水彩还有很多特殊技法,如刮法、蜡笔法、吸洗法、喷水法、撒盐法、对印法等。由于在基础练习阶段应用较少,可根据个人喜好在今后创作中尝试。

第三节 水彩静物的作画步骤

一、对物体色彩的观察方法

在熟悉了色彩的性质及其变化规律以后,观察方法就成为我们辨别、分析、运用色彩的关键问题了。空间中的色彩都是相对的,如果要将其反映在画面上,就需要我们在观察时能够相互对比、相互参照。如果只是孤立地看物体局部的色彩,结果就会感觉纯颜色越发鲜艳,灰颜色的色彩倾向越发无法把握,从而使画面色彩无法协调。

对于色彩的观察可通过以下几种方法。

1. 整体观察

在同一光源和环境影响下的物体色彩是互相联系、影响的。我们常说的色彩关系,就是在互相对比、互相制约中形成的。因此对色彩的观察方法应从整体着手,在这个基础上再去研究个别的色彩倾向,通过这种方法所获得的色彩感受,既有统一,又有变化。

整体观察能够明确此时此地的景物所呈现出来的色调,确定画面大的明暗关系、冷暖关系以及何种色相占主导地位。物体是明是暗，是何种色彩倾向，其冷暖关系是怎样，天（背景）、地（物体所在的位置）、物（主体物）三者之间的色相、明度、纯度如何区别等，都是我们需要把握的问题。

2．反复比较

在基本色调确定之后，我们还需运用比较的方法来确定物体局部的色彩。因为色彩的细微差别只有通过比较才能判定。

比明度：比较各个物体之间的明度差别，以及每个物体的亮部和暗部之间的差别。

比纯度：比较物体之间的纯度差别，找出最鲜艳的和最灰暗的。即便是同一颜色的物体，也要确定是否因为空间的远近而存在纯度的差别。

比色相：区别不同物体间的色相差异，以及同类色物体之间的色彩差别及同一物体本身的色彩变化。

比冷暖：比较物体之间的颜色冷暖关系，以及同一物体的明暗关系所造成的冷暖差别。

3．提炼概括

艺术有其自身的特点，作者对于形体及色彩的表现都需在尊重客观事实的同时发挥主观的能动作用，提炼概括，突出重点，在顾及整体的基础上，丰富主要物体及画面主要部分的色彩关系，以突出作品的整体效果和色彩特点。

4．分析理解

在写生过程中，强调感觉，以直觉作画，这无疑是重要的。但仅靠感觉是不够的，同时还需注重分析和理解。如物体的投影，我们有时分辨不出该用什么色彩来表现，有时需要分析才能找出相应的处理方法。

二、起铅笔稿

水彩画的铅笔稿要求简明扼要。

为避免在画面上留下过多的铅笔灰，可选择较硬的铅笔来画；尽量少用橡皮修改，不破坏纸张表面纹理。打轮廓时用精练的线条画出物体的主要轮廓及转折、投影的外形即可。过多的线条及反复的修改所留下的痕迹都会影响下一步的色彩表现，如图 2-28 和图 2-29 所示。

三、确定大的色彩关系

水彩的着色过程不同于素描，因其透明的特性，只能通过明度较低的色彩叠压明度较高的色彩，所以在明度秩序上通常遵循由亮及暗或由形体的灰面向两端延伸。同样由于水彩透明的特性，在降低画面色彩的纯度时，只需覆盖一层其他所需的颜色即可，但要提高灰颜色的纯度则非常困难，因此在纯度秩序上通常是先纯后灰。我们也可根据物象的整体基调来协调画面的色彩，参照统领画面的色彩相貌按秩序进行。

在着色之初，尽量选择型号较大的笔进行，这样既能保证画面的整体性，又能因笔触的丰富多样而使画面的氛围活跃。在"铺"大的色彩关系时，需保持轻松而又大胆的状态，放松不等于随意，水彩画的某些局部是"一挥而就"的，只有"胆大、心细"才能够把握得住；还需在感觉最敏锐的阶段迅速表现物体的色彩变化，人对事物的"新鲜感"是有时间限制的，在开始阶段就能够捕捉住眼前的感受，能为作品的"生动鲜活"提供良好的铺垫，如图 2-30 和图 2-32 所示。

图2-28　静物组合

图2-29　起稿

✤ 图2-30 "捕捉"色彩特征

✤ 图2-31 "落实"最初的色彩感受

⊕ 图2-32　用色体现水彩的特点

四、深入刻画

水彩画的深入要明确进一步刻画的位置,确定物体及背景所需着色的遍数,主要物体或画面的重要位置用笔多,次要的背景可能只需在原有基础上略作调整;还需仔细观察色彩的微妙变化,丰富形体的黑白、纯度、色相变化的色阶过渡;同时注意用笔的干湿、枯润,通过不同的笔法充分体现物体的形体关系及质感。

深入刻画要"钻"得进去,同时还需"跳"得出来。在运用水彩造型的过程中,往往会遇到各种各样的"挫折"——颜色调不准,笔触不好看,水分把握不到位等,都可能阻碍我们的进程,干扰作画的情绪。在这个时候,切不可"盯"在一处画起来没完没了,反复的涂抹会导致画面潮湿使水分无法控制,容易越画越糟,即使我们顽强地把局部"解救"出来,但由于在"挣扎"过程中过度关注局部,就会使其脱离整体。此时最好能够及时"跳"出来,转而去解决画面的其他问题,往往其他部分画好了,反而感觉原有的瑕疵没有那么"扎眼"了,根据整体的效果再对其进行调整会顺利很多。

画水彩不同于素描,在修改时虽然可用清水把不满意的部分洗掉,但过多的涂改容易使画面效果变得暗淡无光,"潇洒"的笔触也不容易保留。很好地计划画面的进程是很有必要的,每一步都尽量达到满意并为后续的创作做好铺垫,如图 2-33 ～图 2-35 所示。

五、整理完成

前一步的全面深入刻画,虽能不断充实画画,但难免出现细节不符合整体,画面不统一、不协调的现象。因此,必须要对画面进行"排查",对某些部分进行调整（如太跳的反光、太实的背景、太花的笔触等）。调整的目的是做到变化中求统一、统一中有变化。画面的完成效果,要力求充实完整,有虚实、有主次,既响亮又统一、统一而不单调、丰富而不花乱。

⬆ 图2-33　在比较中逐步丰富画面色阶的过渡

⬆ 图2-34　形体刻画到位

⬆ 图2-35　不失画面生动

　　以上只是画水彩的大体过程,在具体操作中,我们应结合实际,对不同的写生对象进行具体分析,探索、尝试不同的方法步骤,总结经验,找到更适合于自己的方法及语言,如图 2-36 所示。

⬆ 图2-36　水彩静物（吴晓云）

六、水彩的特殊技法

　　（1）以中国传统白描形式起稿,用线整体连贯,具有强烈的形式感,如图 2-37 所示。

（2）通过覆盖宣纸后着色，使画面具有中国画的水墨渲染效果，如图 2-38 所示。

（3）用色和谐淡雅，使画面在"朦胧"中透露出一种恬静的美感，如图 2-39 所示。

（4）作品在具备西洋绘画真实感的同时又不失中国画的韵味，如图 2-40 所示。

⬆ 图2-37 起稿

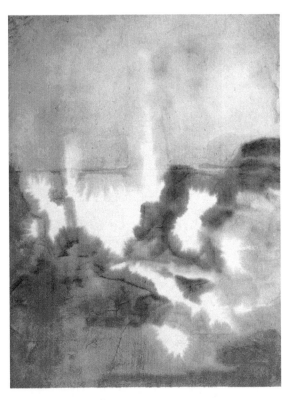

⬆ 图2-38 铺大色

⬆ 图2-39 深入刻画

⬆ 图2-40 水彩静物（伊华丰）

七、作品欣赏

水彩静物作品欣赏,如图 2-41 ~ 图 2-60 所示。

⬆ 图2-41　水彩静物（桂行）

⬆ 图2-42　水彩静物（胡福荫）

⬆ 图2-43　水彩静物（郭佳鑫）

⬆ 图2-44　水彩静物（杨澎涛）

⬆ 图2-45　水彩静物（张琳琳）

⬆ 图2-46　水彩静物（吕曦冉）

✝ 图2-47　水彩静物（一）（刘克达）

✝ 图2-48　水彩静物（二）（刘克达）

❂ 图2-49 水彩静物（一）（邱毅）

❂ 图2-50 水彩静物（二）（邱毅）

⊕ 图2-51 水彩静物（一）（周阳）

⊕ 图2-52 水彩静物（二）（周阳）

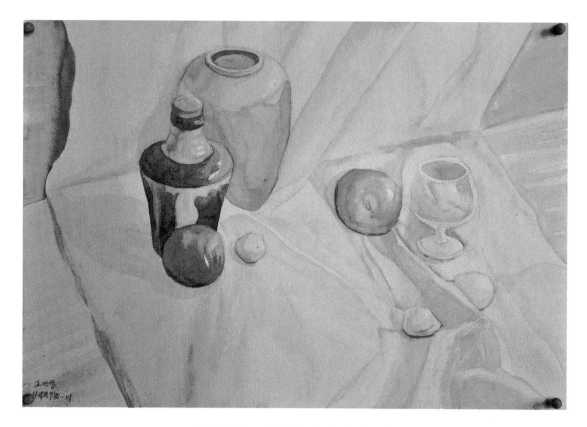

↑ 图2-53　水彩静物（一）（王旭彤）

↑ 图2-54　水彩静物（二）（王旭彤）

図2-55 水彩静物（一）（刘翘楚）

図2-56 水彩静物（二）（刘翘楚）

❀ 图2-57　水彩静物（一）（黄宏蓝）

❀ 图2-58　水彩静物（二）（黄宏蓝）

⬆ 图2-59　水彩静物（一）（吴东兴）

⬆ 图2-60　水彩静物（二）（吴东兴）

第四节 风景写生

一、水彩风景

水彩风景写生无论对美术创作还是对建筑设计都具有非常重要的意义。它不仅可以培养我们敏锐的色彩观察能力,取舍及概括能力,更可以提升我们的审美品位及专业修养。同时在写生过程中在头脑中积累了大量的自然物象,能够有效提升形象思维能力及创造能力,如图2-61所示。

🔼 图2-61 水彩风景(吴晓云)

水彩风景写生,可从天空开始画起。在一般情况下,天空颜色相对较浅。天空的色彩直接影响景物,是决定画面色彩基调的重要因素。景物与天空的交界往往参差不齐,等树木的枝干画完后再去补画天空,则"费力不讨好"。由于天地交界处多为远景,远景较虚,正适于在画天的颜料未干时画远景。当然,特殊情况还需特殊对待,如果景物整体性比较强,受天空色彩影响不大,那么先画景物后画天空也无妨。

水彩风景画,多从远到近、从浅到深、从虚到实进行渲染、描绘,这样较易把握干湿与色彩和明暗层次,色阶的衔接过渡较自然,也更便于掌握。在光线多变的情况下,也可先确定画面的大体明暗及色彩关系。分部进行时,须有整体观念,勿孤立地抠局部而丢失画面的整体基调。

如需抓住表现特殊光线下转瞬即逝的场景,也可先定下光线与色彩在景物上的位置、对比强度及冷暖关系,而后调整形体,再从中景到远景、天空。这种方法能够抓住场景的瞬间效果,此种情况如按部就班地画,偶现的场景就早已面目全非了。

二、铅笔、钢笔淡彩

传统的铅笔、钢笔淡彩是指在铅笔、钢笔线条的底稿上施以浅淡的水彩,如图 2-62 所示。

☝ 图2-62 淡彩(阿尔布雷特·丢勒)

如今"彩"的范围已经被拓展开,可以是彩铅、水粉、马克笔、油画棒等,只要能在线条的基础上运用色彩进一步充实物体的空间、层次、质感的材料,都可尝试。

铅笔、钢笔淡彩画面响亮,形体表达明确,因此深受建筑设计师们的喜爱。铅笔、钢笔淡彩画面中的线条需充分表达形体的结构或黑白层次关系,色彩只是用来丰富画面效果,烘托画面氛围,但仍需考虑基本的色彩关系。在作画过程中,二者相互协调,也可相互补充,如图 2-63 所示。

⬆ 图2-63　钢笔淡彩（李雯霏）

三、作品欣赏

风景写生作品欣赏，如图 2-64 ～图 2-81 所示。

⬆ 图2-64　水彩风景（一）（彭婉蓉）

图2-65　水彩风景（二）（彭婉蓉）

图2-66　水彩风景（三）（彭婉蓉）

🔼 图2-67 水彩风景（一）（王思淇）

🔼 图2-68 水彩风景（二）（王思淇）

图2-69 水彩风景（三）（王思淇）

图2-70 水彩风景（周正）

图2-71 水彩风景（李博文）

图2-72 水彩风景（高扬）

图2-73 水彩风景（姜丽丽）

图2-74 钢笔淡彩（一）（李雯霏）

⬆ 图2-75 钢笔淡彩（二）（李雯霏）

⬆ 图2-76 钢笔淡彩（一）（史梁）

⬆ 图2-77　钢笔淡彩（二）（史梁）

⬆ 图2-78　建筑手绘效果图（一）（吕从娜）

⬆ 图2-79　建筑手绘效果图（二）（吕从娜）

⬆ 图2-80　建筑手绘效果图（三）（吕从娜）

图2-81　建筑手绘效果图（四）（吕从娜）

第3章
建 筑 速 写

第一节　速写的基础知识

一、速写概述

1．速写的概念

　　速写是指在短时间内用简练的线条简明扼要地画出对象的形体特征、动作神态的绘画形式,同素描一样有略图、草稿、写生的含义。速写是素描的浓缩与提炼,素描要求细致、深入地刻画物象的形体结构,充分表达它的体积感、质感、空间感;而速写由于作画时间一般较短,所以要求用极精练、概括的手段表现出物象的主要形象特征,从而更能够体现作者的语言技巧及艺术才华。二者作为造型艺术的基础训练,各有特点,相辅相成,互相促进。

　　速写不拘泥于形似,落笔需肯定、大胆,讲究线的表现力和节奏感并强调画面中的主观感情因素。速写是对客观物象的再现,更是作者感受的传神写照。画速写可以采用多种工具及表现方法,表现形式多样,便于随时记录我们生活中经历的场景及灵感的火花,如图 3-1 所示。

⤊ 图3-1　早春绍兴（吴冠中）

2．速写的类别

　　从表现形式上看,速写可分为线条速写、明暗速写及线面结合的速写,从题材上看,它还可以分为人物速写、建筑速写、自然风景速写等,如图3-2～图3-4所示。

　　⬆ 图3-2　人物速写（丁鹏）

　　⬆ 图3-3　建筑速写（刘伟）　　　　　　　　　　⬆ 图3-4　风景速写（刘兴邦）

3．速写的训练方法

观察和比较是认识事物特殊性的有效方法,观察越仔细,对形象理解越深入,落笔才能更准确、生动;无论是认识对象或是表现对象,都离不开"比较"。通过观察比较,在头脑中形成一个鲜明而概括的形象,落笔时才能突出其特征。

除了提高敏锐的观察力,善于抓住对象的特征外,还需要学习相关知识和熟悉形态的客观规律。画人物动态,需清楚人体基本的比例关系及解剖关系;画建筑,要掌握建筑的结构关系和透视变化规律;画交通工具要了解不同交通工具的构造和功能;对待运动中的对象,应注重对动态特征的观察与把握,抓住大的动态特征的轮廓线和结构线,其他部位就容易把握了。

画速写要下笔大胆,行笔稳健,最忌断断续续、似是而非。有时线条画不准确,不必立即作修补,可重新再画一条较准确的线条去校正。保持良好的感觉和心态,不因线条简单而大意,不为线条复杂而心烦。

画速写要灵活机动,带着激情一气呵成,第一笔往往能决定一幅作品的成败,选择第一笔的部位是根据对象的特点而定。画生活情趣的速写,可从感兴趣的地方画起,但要注意画面的整体氛围;画动态速写,可从决定动态的部位画起,先敏锐抓住瞬间的动态线,然后根据类似的动态与记忆加以充实;画建筑风景,可先画静止的建筑物,有目的地为运动中的行人及车辆"留白",待看到合适场景及时补充,如图3-5所示。

⊕ 图3-5　建筑速写（胡福荫）

4．速写的表现方法

线条是最富有生命力的艺术语言,也是速写最基本的表现形式。线条本身是变化无穷的,长短、粗细、刚柔、曲直、顿挫、浓淡、虚实的不同可表达出丰富的艺术形象。

以线条为主的速写形体鲜明、简洁明快。利用不同方向、长短、曲直的线条能够体现对象的特征、动态。

通过线条的排列方式和疏密变化,还可表现对象的明暗变化和空间层次。如果画面中的主体较复杂,需用密集的线条表现时，其他次要形象则适合用疏散的线条来表现。

一般情况下，质地较硬的物体，适合用比较刚劲的线条来表现；质地柔软细腻的物体适合用柔、细的线条来表现。外形明确，光滑的物体适合用实线条来表现；外形松散、粗糙的物体适合用虚线条表现。我们可根据画面的需要灵活运用。

二、建筑速写

速写也可以理解为一张纸和一支笔的关系，这张纸和这支笔在每个人的手上所触碰出的结果是不一样的。对于画家而言，速写是收集生活素材、积累视觉形象的手段，并且是培养敏锐的观察力和艺术概括能力的重要方法之一；对于设计师来说，速写则是记录设计灵感、体现构思意图的有效手段，如图3-6和图3-7所示。

⊕ 图3-6 速写（埃贡·席勒）

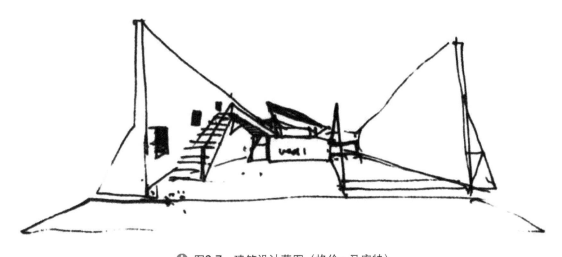

⊕ 图3-7 建筑设计草图（格伦·马库特）

建筑速写指的就是以建筑物及其配景（图3-8）为题材的速写。建筑专业的学生通过画速写，能够从中积累丰富的视觉经验，培养良好的形象思维能力，并将绘画艺术的造型规律和审美法则融入设计，从而创造出美观独特的建筑形象，如图3-9所示。

⬆ 图3-8　风景速写（王思淇）

⬆ 图3-9　建筑设计草图（王思淇）

三、建筑速写的工具材料

铅笔、钢笔、针管笔、马克笔、彩色铅笔及水彩都可以用做建筑速写的工具,我们可根据自身的感受与喜好,选择适合的工具材料来表现,如图 3-10 所示。

⬆ 图3-10　速写的工具

1. 钢笔、针管笔

钢笔和针管笔能够画出清晰的线条,明确地表达出建筑的轮廓及形体结构,通过组织线条的疏密,还可使画面具有丰富的层次感及韵律感。速写钢笔的笔尖经过弯曲处理后,通过不同方向的使用可画出多种宽窄的线条,灵活地运用钢笔能够增加画面精细与豪放的对比。针管笔有不同的型号,画出的线条粗细各异,因便于携带,所以应用较为广泛,如图 3-11 所示。

2. 马克笔

马克笔色彩种类丰富,画出的线条厚重有力,在使用过程中,运笔的快慢也会产生不同的绘画效果。马克笔可与多种工具同时使用,有效补充及丰富画面效果。

马克笔的着色遍数不宜过多。在第一遍颜色干透后,再上第二遍色,并且要准确、快速,否则色彩会渗出并变混浊,丧失其干净透明的特点。

马克笔的笔触变化多样,排笔、点笔、跳笔、晕化、留白等方法,需要灵活使用。

马克笔颜色覆盖力弱,所以在着色过程中,应遵循由浅入深、由纯到灰的过程,如图 3-12 所示。

3. 水溶彩铅

水溶性彩铅色彩淡雅,适用于较厚且能吸水的纸张,可直接"干涂",也可干涂后用水溶解,还可与其他工具结合使用,获得更为丰富的画面效果,如图 3-13 所示。

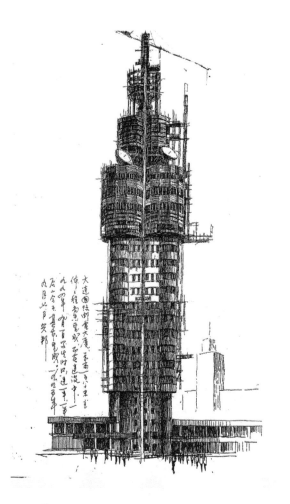

⬆ 图3-11　大连国际邮电大厦（刘兴邦）

⬆ 图3-12　建筑速写（李雯霏）

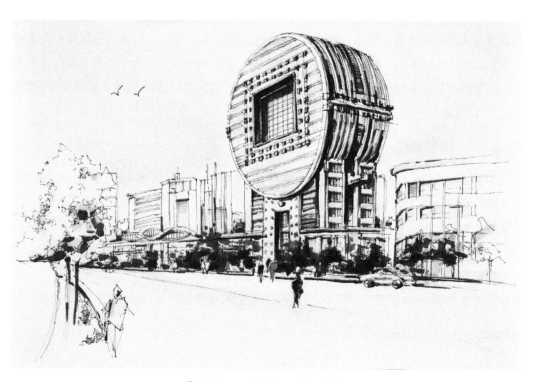

⬆ 图3-13　建筑速写（周诗文）

第二节　建筑速写的专题练习

　　画建筑速写是一件很容易使人"上瘾"的事,在观赏画面中通过线条累积而形成的丰富效果及生动形象时会非常有成就感。经常画建筑及风景速写,不仅可以锻炼我们的观察和表现力,更可以陶冶艺术情趣,升华创作灵感。

　　建筑速写内容复杂,除建筑外还有树木、花草、人物、车船等配景,需通过一系列的专题练习,掌握这些配景的形象特征和描绘方法。

一、植物速写

　　画建筑离不开各种各样的植物,巧妙地处理建筑与植物的关系会使画面"充满生机",动笔前先观察不同植物的外形特征及枝叶特点,落笔自然有把握,如图 3-14 ～图 3-17 所示。

🔔 图3-14　植物速写（一）（赵维锋）

1. 结构形态

干：直立、并立、丛生。

枝：向上、向下,并前后左右生长。

叶：有针叶、阔叶等。

2. 明暗与透视

植物的明暗关系可通过几何体受光后的明暗变化来分析,在大体明暗关系确定后,再找其局部的明暗变化。

植物的透视关系需根据视平线的位置确定。

植物的造型也要注意统一与变化，枝有左有右、有前有后、有疏有密、有曲有直、有深有浅、有粗有细。树叶也有点、线、面的变化。

⊕ 图3-15　植物速写（二）（赵维锋）

⊕ 图3-16　植物速写（三）（赵维锋）

⬆ 图3-17 植物速写（四）（赵维锋）

3．步骤

选取合适角度,确定外形特征。抓住枝干结构,进行归纳整理。枝叶前后穿插、相互掩映。

4．画植物时容易出现的问题

支离破碎、没有整体感——没有从整体出发,而是从局部看一点画一点拼凑而成。

呆板、缺乏立体感——只注意画左右树枝,而没有注意画前后穿插的树枝。

枝干粗细变化有问题——未能根据植物的体积、比例及生长规律来画树干。

二、人物速写

在一些生活场景中,合理地安排画面中的人物,能够有效地烘托画面的氛围。这就需要我们在日常生活中多观察身边的人物状态,进而能够在创作中合理地组织人物之间的关系,生动地把握不同年龄、性别的人物形象。

画好人物需掌握基本的人体比例及不同年龄、性别的体态特征,同时,丰富的服装样式对于人物的个性体现也会有所帮助,如图 3-18 和图 3-19 所示。

三、交通工具速写

交通工具与人的生活环境有着密切的联系,在建筑速写中交通工具也是不可缺少的内容。画交通工具应注意交通工具与环境、建筑物、人的比例关系。交通工具本身的构造也很重要,它们的外部形态及各个部件都有一定的特征和严格的比例关系,如图 3-20 所示。

↑ 图3-18　人物速写（一）（丁鹏）

↑ 图3-19　人物速写（二）（丁鹏）

↑ 图3-20　交通工具速写（丁鹏）

第三节　建筑速写的表现方法

一、建筑速写的线条特征

建筑速写对线条的要求如下。

1．连贯并有"弹性"，方向准确，不求速度

在动笔前，把握好线条的方向及长短，在行笔过程中要"一气呵成"，保证线条连贯。画建筑速写的线条不追求速度，正是因为"慢"而使线条出现不规则的"抖动"效果，才使画面更具"徒手"效果及可看性。

2．线条衔接处宁交勿不达

"交"是指线条交接处宁可穿插而过也不要互不搭边，这样会使形体稳固而有力度。

3．疏密有序

建筑速写多用钢笔完成，因钢笔线条重度一致，所以要靠线条的疏密关系来布置画面的黑白。合理地组织线条的疏密，是丰富画面层次、体现画面节奏的有效手段。

4．把握节奏

建筑速写的线条纯粹，通过对不同线条的长短、曲折、疏密等的巧妙处理，能够充分体现画面的节奏韵律，如图 3-21 所示。

🔺 图3-21　建筑速写（王思淇）

二、取景构图

画建筑速写，角度的选择很重要，应尽量选择既有空间层次变化，又能充分体现建筑造型特征及体量关系的角度取景。同时，还需在此过程中确定视平线的高低：表现建筑物的雄伟，可选择仰视的角度；表现宏大的场面，

可居高临下选择俯视或鸟瞰；描绘"平易近人"的场景,则可以平视来体现。

取景时,可用双手搭成一个长方形取景框,上下左右移动来进行取景,直到框内景物令人满意为止,如图3-22所示。

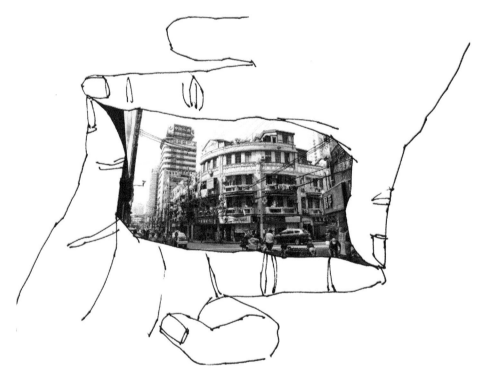

➕ 图3-22　取景方法

建筑速写的构图规律一般如下。

1.　主次分明

确定画面视觉中心,使画面主次分明。可通过对线条的虚实、繁简对比等方式突出主体。如对画面中近景、中景、远景的处理,一般情况下要重点刻画中景、近景,远景适当概括。同在一个空间层次的景物,也应有主次之分,这样在视觉效果上就有视觉中心,如图3-23所示。

➕ 图3-23　建筑大学（一）（丁鹏）

2. 布局平衡

在画面上构图布局要注意平衡，不能一边"重"、一边"轻"，这种平衡不是对称，而是"势衡力均"，如图 3-24 所示。

⊕ 图3-24 建筑大学（二）（丁鹏）

3. 取舍移景

根据画面构图的需要对实景合理地进行取舍、移景与借景，会使画面更集中、更强烈、更典型、更符合形势美的规律，如图 3-25 所示。

⊕ 图3-25 建筑大学（三）（丁鹏）

4. 明暗相衬

明与暗的相互衬托是速写的主要表现方法，它能突出画面的中心或重点，起到丰富画面层次和平衡画面因素的作用，如图 3-26 所示。

⊕ 图3-26 建筑大学（四）（丁鹏）

5．突出特征

古今中外的建筑样式各不相同，能够把握住不同建筑的造型特征，并通过各种方法加以表现，会使画面形象鲜明，个性突出，如图 3-27 所示。

⬆ 图3-27　建筑大学（五）（丁鹏）

6．画面完整

速写虽然强调概括、简练，有时可局部画起，不求物体的完整。但是，从画面角度而言，则要求有相对的完整性，如图 3-28 所示。

⬆ 图3-28　建筑大学（六）（丁鹏）

以上只是建筑风景构图的一般规律。实际作画时，还需尽量根据个人感受去大胆组织画面，突出主体，创造新意，体现意境。

三、配景与建筑的透视及比例关系

建筑速写的配景能够起到丰富画面层次、烘托画面氛围的作用，并且通过配景中的人物、车辆等还能够体现建筑的体量关系。因此，需处理好配景与主体建筑的透视及比例关系，如图 3-29 所示。

⬆ 图3-29　配景与建筑的透视及比例关系

四、建筑速写的作画步骤

1. 取景

选择最能体现景物层次或建筑造型特征的角度及视点高度,确定画面的构图及主次关系,适当取舍移景,如图 3-30 所示。

⬆ 图3-30　取景

根据所描绘景物的视觉感受明确重点突出的因素（形态、结构、光影、质感）进而确定画面的表达方式（线、明暗、疏密、节奏）。

2．起稿

如景物层次或建筑形体关系较复杂，可用铅笔起稿。根据视高确定地平线，结合构图勾勒出景物的大体起伏、层次，以及主要建筑的形体特征及透视关系。需注意的是，线条每画到纸的边缘时，都有意无意保留距离，这也是速写构图的需要，如图 3-31 所示。

🔷 图3-31　起稿

3．"慢"写

尽管速写需要速度，但由于建筑速写画面内容复杂，有时也需要对画面"慢"处理。这一步可根据个人能力及喜好从整体或局部入手用钢笔描绘。整体入手是指先画出大的框架结构关系，由外到内进行。整体入手须有明确的计划性，对每一根线条的处理都要为下一步丰富留有余地。局部入手是指从对景物的"兴奋点"或画面的主要部分开始画起，使线条逐步"扩散"直至"填满"画面。局部推进也不是不顾及整体想到哪儿画到哪儿，而是在对画面整体效果胸有成竹的前提下进行创作。局部推进更易体现画面的主次关系，更富有"写"的情趣，如图 3-32 所示。

4．整理完成

一幅优秀的速写作品应该是取景有创意，构图有新意，线条有生命力，关系丰富有节奏，表达轻松有情趣。我们可根据以上要求对画面进行适当的整理，如图 3-33 所示。

⊕ 图3-32　"慢"写

⊕ 图3-33　建筑速写（丁鹏）

五、建筑群速写

　　根据建筑群的高低错落,选择合适的角度,定好视平线的位置,把主体建筑安排在画面的重要位置上。

　　从主体建筑画起,向四周建筑扩展描绘,注意建筑的结构、比例、透视、造型特征以及建筑间的相互关系。

　　突出主体,取舍移景,在大效果的基础上,对重点部位深入刻画,使画面有虚有实,层次丰富,如图 3-34 所示。

⬆ 图3-34　大连新建筑（刘兴邦）

六、建筑局部速写

　　整体是由各种不同结构特点的局部构成的,建筑尤其如此,它的各个局部不仅有不同的形态,而且有不同的功能。在建筑风景速写的练习中,结合进行一些局部的单独练习是非常有益的。如一扇窗户、一排楼梯或古建筑中的一个斗拱、一块砖饰等,这些都可以作为练习的对象。整体练习在于把握建筑的总体形象特征,了解、熟悉建筑与环境的关系等问题;局部速写则可逐步熟悉建筑各种构造的基本结构和特点,两者相得益彰。

　　局部速写一般画幅较小,更利于深入刻画,也可以尝试用不同的形式方法去表现,以丰富自己的表现语言。建筑局部的速写,可以加深对建筑的理解,往往是专业设计人员搜集创作素材的理想手段之一,如图 3-35 所示。

七、作品欣赏

　　（1）刘兴邦建筑速写作品欣赏,如图 3-36 ～图 3-48 所示。

　　（2）刘伟建筑速写作品欣赏,如图 3-49 ～图 3-60 所示。

　　（3）学生建筑速写作品欣赏,如图 3-61 ～图 3-77 所示。

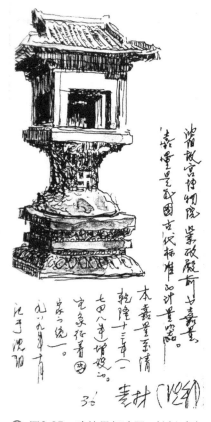

⬆ 图3-35　建筑局部速写（刘兴邦）

⬆ 图3-37 建筑速写（二）

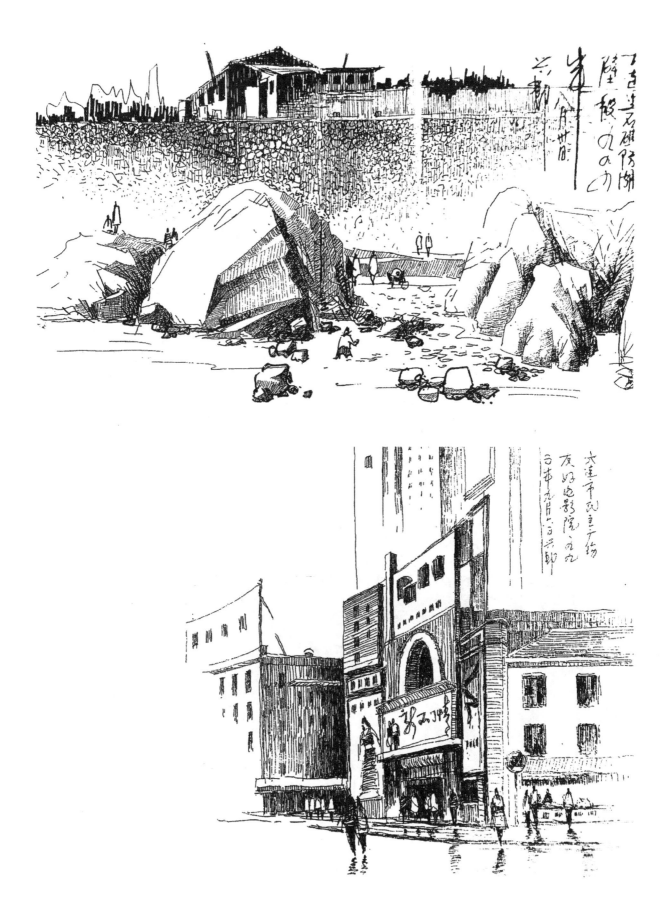

图3-38　建筑速写（三）

图3-39　建筑速写（四）

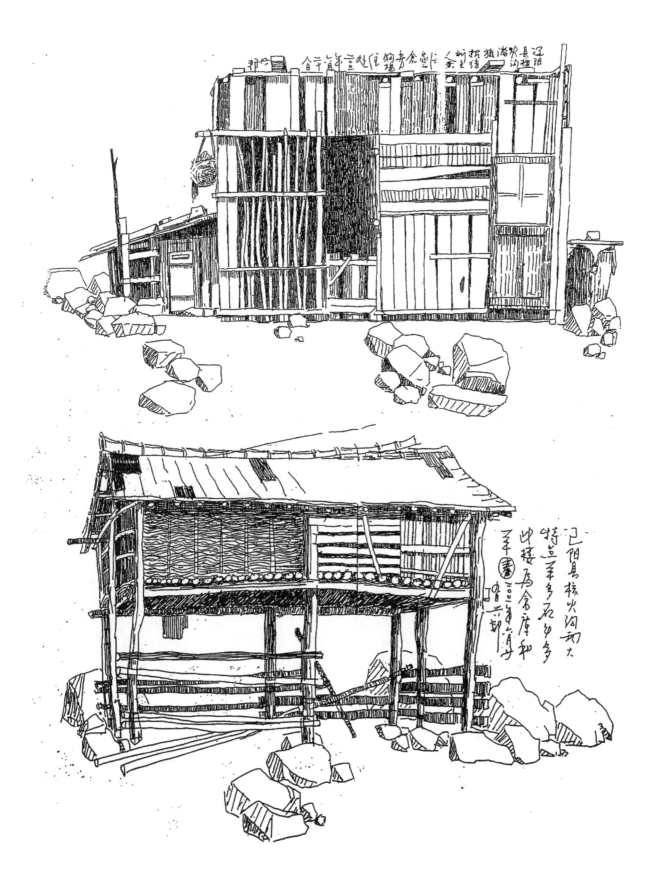

图3-40　建筑速写（五）

图3-41　建筑速写（六）

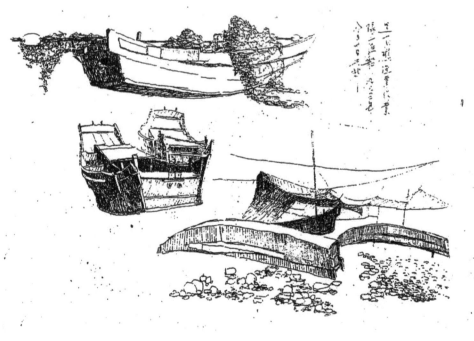

图3-42　建筑速写（七）

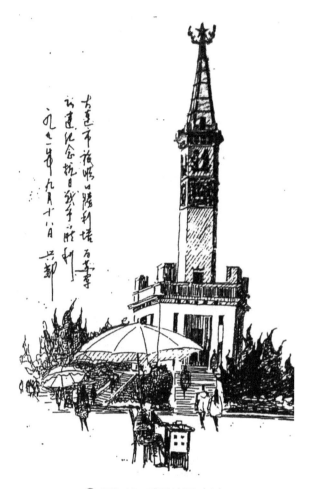

⬆ 图3-43 建筑速写（八）

⬆ 图3-44 景观速写（一）

图3-45　景观速写（二）

图3-46　建筑速写（九）

图3-47　建筑速写（十）

图3-48　建筑速写（十一）

图3-49 建筑速写（十二）

图3-50 建筑速写（十三）

⬆ 图3-51　建筑速写（十四）

⬆ 图3-52　建筑速写（十五）

⬆ 图3-53　建筑速写（十六）

建筑美术

✿ 图3-54　建筑速写（十七）

❶ 图3-55　建筑速写（十八）

🔼 图3-56 建筑速写（十九）

⬆ 图3-57　建筑速写（二十）

⚓ 图3-58　建筑速写（二十一）

图3-59　建筑速写（二十二）

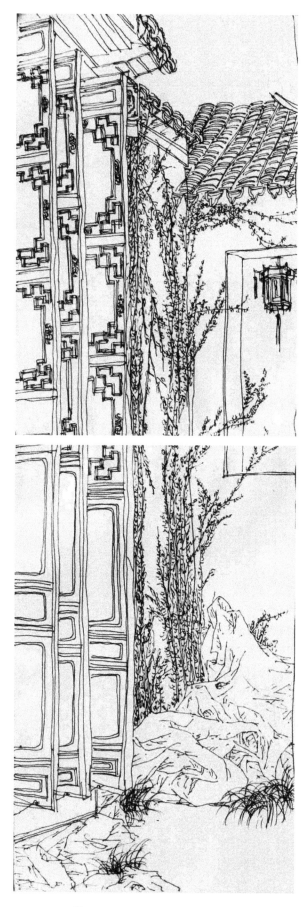

图3-60　建筑速写（二十三）

⬆ 图3-61　棋盘山风景写生（一）（王思淇）

⬆ 图3-62　棋盘山风景写生（二）（王思淇）

图3-63 人物速写（一）（王思淇）

图3-64 人物速写（二）（王思淇）

⬆ 图3-65 建筑速写（刘通）

⬆ 图3-66 苏州（刘通）

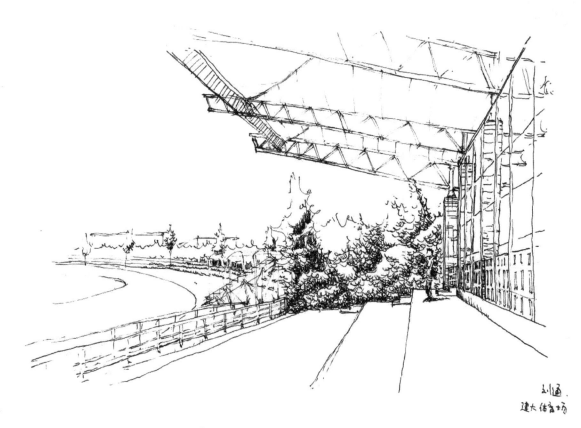

🏠 图3-67　建筑大学体育场（刘通）

🏠 图3-68　八王书院前古井（刘通）

图3-69　图书馆（刘通）

图3-70　建筑速写（一）（张琳琳）

✚ 图3-71　建筑速写（二）（张琳琳）

✚ 图3-72　建筑速写（三）（张琳琳）

⬆ 图3-73 建筑速写（一）（吕曦冉）

⬆ 图3-74 建筑速写（二）（吕曦冉）

⬆ 图3-75 建筑速写（三）（吕曦冉）

⬆ 图3-76 建筑速写（钱嘉军）

⬆ 图3-77　埃及馆（李艺秋）

附　录
国外优秀画家作品欣赏

🔀 附图1　素描风景（一）（佚名）

🔀 附图2　素描风景（二）（佚名）

✦ 附图3　素描风景（三）（佚名）

✦ 附图4　素描风景（四）（佚名）

⬆ 附图5　集市远眺（[德国]阿道夫·门采尔）

⬆ 附图6　素描风景（[西班牙]安东尼奥·洛佩兹·加西亚）

⬆ 附图7　水彩风景（[美国]约翰·萨金特）

↑ 附图8　水彩风景（[美国]安德鲁·怀斯）

附图9　水彩风景（[美国]约翰·绍耶勒那）

附图10 水彩风景（[波兰]保罗·迪莫其）

⬆ 附图11　水彩风景（[波兰]迈克·奥罗拉斯基）

🔺 附图12 水彩风景（[波兰]格热戈日·罗贝尔）

✝ 附图13 水彩风景（[法国]蒂埃里·杜瓦尔）

附图14　水彩风景（[俄罗斯] 尤金·吉斯里安）

参 考 文 献

[1] 中国建筑学会建筑师分会建筑美术专业委员会,全国高等学校建筑学学科专业指导委员会,内蒙古工业大学,郑庆和 . 第十一届全国高等院校建筑与环境艺术设计专业美术教学研讨会论文集 [J]. 北京:中国建筑工业出版社,2011.

[2] 北京建筑工程学院 . 2012 年全国高等院校建筑与环境艺术设计专业教师美术研究论文集 [J]. 北京:中国建筑工业出版社,2012.

[3] 西奥多·考茨基 . 宽线条铅笔画 [M]. 黄克武译,张健生校 . 北京:人民美术出版社,1982.

[4] 吴冠中 . 画外音 [M]. 济南:山东画报出版社,2004.

[5] 吴冠中 . 文心独白 [M]. 济南:山东画报出版社,2006.

[6] 吴冠中 . 画里阴晴 [M]. 济南:山东画报出版社,2006.

[7] 吴冠中 . 吴带当风 [M]. 济南:山东画报出版社,2008.

[8] 王小红 . 大师作品分析——解读建筑 [M]. 北京:中国建筑工业出版社,2008.

[9] 刘彦才,刘舸 . 建筑美学构图原理 [M]. 北京:中国建筑工业出版社,2011.